福建农林大学
公共管理研究丛书

国家社科基金青年项目资助（17CSH035）

福建省社会科学研究基地"新时代
乡村治理研究中心"资助
福建省高校人文社会科学研究基地
"农村发展研究中心"资助

公众参与农村环境治理机制研究

黄森慰　著

U0209645

中国环境出版集团·北京

图书在版编目（CIP）数据

公众参与农村环境治理机制研究/黄森慰著. —北京：
中国环境出版集团，2023.5
ISBN 978-7-5111-5533-7

Ⅰ. ①公… Ⅱ. ①黄… Ⅲ. ①公民—参与管理—农业
环境—环境管理—中国 Ⅳ. ①X322.2

中国国家版本馆 CIP 数据核字（2023）第 102146 号

出 版 人	武德凯
责任编辑	韩 睿
封面设计	彭 杉

出版发行　中国环境出版集团
　　　　　（100062　北京市东城区广渠门内大街 16 号）
　　　　　网　　址：http://www.cesp.com.cn
　　　　　电子邮箱：bjgl@cesp.com.cn
　　　　　联系电话：010-67112765（编辑管理部）
　　　　　发行热线：010-67125803，010-67113405（传真）
印　　刷　北京建宏印刷有限公司
经　　销　各地新华书店
版　　次　2023 年 5 月第 1 版
印　　次　2023 年 5 月第 1 次印刷
开　　本　787×960　1/16
印　　张　14.25
字　　数　232 千字
定　　价　69.00 元

中国环境出版集团郑重承诺：
中国环境出版集团合作的印刷单位、材料单位均具有中国环境标志产品认证。

总　序

　　党的十九届四中全会将"坚持和完善中国特色社会主义制度、推进国家治理体系和治理能力现代化"列为全党的一项重大战略任务。这为中国公共管理学科的发展提供了新的历史性机遇，也对公共管理理论研究和实践总结提出了新的期待与要求。作为国家治理体系的重要组成部分，有效的乡村治理体系是乡村振兴的重要保障。在加快推进乡村治理体系和治理能力现代化过程中，党和政府提出一系列新理念、新思想、新战略，乡村发展也面临重大理论与实践新问题，并将产生大量公共管理实践新经验，亟待农林院校公共管理学科参与解释、总结和探索。

　　公共管理是一门综合性与应用性很强的交叉学科。在新时代背景下，福建农林大学公共管理学科建设，既要符合主流公共管理学的话语、理论和学科的建构要求，也要立足地方院校的现实基础，更要凸显农林背景的行业特色，稳扎"三农"问题研究"主战场"，从中国乡村振兴实践创新提炼、全球乡村治理趋势应对和多学科融合发展等维度，探讨公共管理学科在特定区域和具体领域的创新发展路径，以有效回应新时代农业农村发展重大需求，更好应对乡村社会转型和城乡融合发展趋势，为区域乡村振兴提供强有力的智力支持。

　　经过近二十年的发展，福建农林大学公共管理学科取得了长足的进步，先后被评为福建省重点学科、福建省"双一流"建设高原学科，当前正朝着农林特色鲜明，在全国同类院校、省内同类学科中位居先进水平的目标方向而努力。

　　为服务国家和地方发展战略，大力推进学科建设，努力把握公共管理学科前沿问题和乡村发展趋势，同时面向区域农业农村发展现实需求，并根据公共管理与法学院的学科基础以及教师研究专长，我们精心组织公共管理研究丛书选题，涵盖农村经济、社会、政治、文化和生态等领域的治理问题。

　　在研究过程中，我们广泛采用公共管理及其他学科的研究工具和方法，以期与同行学界沟通对话，并立足农林高校特色和优势，试图推动乡村治理研究范式、理论建构和实践创新，以乡村治理研究成果丰富中国特色公共管理学科的内涵。我们秉承"把论文写在田间地头"的理念，直面乡村治理新场景、新实践、新问题，并在农村实际场域中校正研究视角和价值取向。我们不仅开发利用了农业农村部"农村固定观察点"积累三十多年的面板数据，还组织师生深入农村一线，持续开展实地调查和入户访谈，既如实反映农村实际和农民呼声，也客观评价政策的实施效果，并提出了一系列有针对性的对策建议，希望助力乡村治理体系和治理能力现代化，为实施乡村振兴战略贡献我们的智慧。

郑逸芳

2019 年 11 月

对政策质量期望越高的公共问题，对公众参与的需求程度就越低；对政策接受性期望越高的公共问题，对吸纳公众参与和分享决策权力的需求程度就越高（John C. Thomas，2015）。农村环境污染治理是一项复杂的系统工程，不仅对政策的质量有要求，对政策的接受性预期也有较高要求。协调政府、公众和市场之间的关系是解决农村环境污染问题的核心内容。以 M. Kuhn 为代表的衣阿华学派提出，人的行为是被其地位、角色决定的，根据个体的参照群体，可以预测其自我评价，进而预测其行为。本研究将从公众参与的角度出发，研究农村环境污染治理中的互动，探讨适合中国国情的农村环境治理公众参与机制。

1. 研究农村环境治理公众参与行为。根据社会互动论的观点，人的行为是被其地位、角色决定的，根据个体的参照群体，可以预测其自我评价，进而预测其行为。农村环境关系到农村的可持续发展，也关系到城市的可持续发展。中国农村环境不仅仅承载农村的发展，更承载着城市的发展，为全社会的发展提供着重要的物质资源与环境资源。近年来，农村环境承载力下降与环境负荷增加并行，环境不断恶化。与此同时，农村环境污染治理中政府长期严重缺位，环境保护机构主要配置在城市，在农村环境保护方面几近空白。在当前新形势下，特别是党的十八大以来，生态文明建设被提到新的高度，对政府与市场的关系有了更明晰的表述，市场在资源配置中起决定性作用和更好地发挥政府作用成为共识；提高环境污染治理的公众参与度成为国家政策。在这一系列新变化下，当前迫切需要根据新形势的新要求，在已有研究的基础上，继续深入研究农村环境污染治理中的公众参与机制。互动是一个角色扮演的过程，本研究将用问卷或态度量表来测量人们的自我概念，用科学的调查方法和计量分析方法将互动理论操作化，为社会互动理论在农村环境治理领域乃至农村基层治理中的实践提供可行方案。

2. 农村环境污染治理公众参与意愿强。随着农村经济的发展，公众收入的提高，公众对农村环境的要求不断提高。然而近年来不断恶化的农村环境无法满足公众的要求，根据课题组前期调查结果，90.24%的公众表示对农村环境服务有需求，其中59.76%的公众愿意支付成本，平均愿意支付 121.02 元/a。针对当前农村环境服务供给情况，65.85%的公众认为少、很少，甚至没有，认为较多或很多的仅有12.2%。完全依靠政府进行农村环境污染治理与建设服务型政府并不一致，同时政府财力也无力支持广袤的农村地区的环境污染治理，扩大农村治理主体范围，提高农村环境污染治理公众参与度，拓宽治理投入资源来源渠道成为必然。根据公众参与阶梯理论（Sherry Arnstein，1969），中国农村环境污染治理的公众参与最多只是停留在前4个阶段（操纵、治疗、告知、咨询），还不是真正意义上的公众参与。本研究拟在广泛调查的基础上，进一步分析公众参与意愿及参与能力，从理论与实践中探索农村环境污染治理公众参与途径和模式，为构建公众参与型农村环境污染治理新模式提供理论和实证依据。

3. 科学界定农村环境污染治理政府责任。环境污染治理过程中存在"重市场、轻政府"和"重政府、轻市场"两种错误倾向，合理定位政府职责，健全环境管理机制、合理划分环境管理责任与支出责任及公众参与是环境管理重要的保障（卢洪友等，2013）。新形势下如何调整市场化改革、第三方治理等各种新型环境污染治理理论，特别是在建设服务型政府、充分发挥市场作用、减少行政干预等行政改革新形势下，如何开展公众参与型农村环境污染治理迫切需要理论的研究与指导。本研究拟以新公共理论为指导，研究农村环境污染治理政府责任和公众参与机制，具有重要的理论意义。

4. 本书以"公众参与农村环境治理机制研究"为题，以中国东部、中部、西部省份（福建、安徽、陕西3个省）作为调查区域，分析研究农村发展中的环境问题，分析农村环境治理公众参与机制，为解决当前日益严重的农村环境问题提供必要的理论参考，为农村环境问题的政策制定提供有益的指导。从农村发展对环境的要求这一基础出发，将农村发展生产、生活等目标对环境的需求与当前环境现状进行比较，确定环境管理的目标，进而根据新公共管理理论科学界定政府责任，构建公众参与的新型环境管理模式，对于提高农村环境污染治理的效率具有重要的实践价值和理论意义。

目　录

1

文献综述

农村环境的不断恶化对现有农村环境治理模式提出了严峻的挑战。农村生态环境问题日益凸显，环境治理成为当务之急，公众参与在生态环境治理中变得极为重要。当前随着农村现代化进程的推进，公众参与作为一种新的农村环境治理机制得到越来越多的关注，很多学者就此开展了研究。

1.1　国内外农村环境治理中的公众参与的研究

国外学者对公众参与环境管理的研究可以分为 3 个阶段：第一阶段（20 世纪50—70 年代末）为参与理念的形成阶段，始于企业管理的行为科学领域，后来被引入环境冲突的解决中，引导环境管理的实践活动，并逐渐获得政府的认可（Roger W. Cobb and Charles D. Elder，1975）；第二阶段（20 世纪 80—90 年代末）为参与过程的评价阶段，主要从参与主体、国家等角度评价公众参与的公平性及其效果等，并通过立法形式将其具体化（Jacqueline Peel，2001）；第三阶段（21 世纪初至今）为参与效果的反思阶段，针对公众参与过程、公平及对环境决策的影响等方面提出不同观点（Depoe，S. P.，Delicath，J. W.，& Elsenbeer，M. F. A.，2004）。

国外学者对公众参与环境保护研究较早，研究成果也较为丰富，并且通过立法或者公约的形式有效地保障了公民参与权的实现。如 1992 年联合国环境与发展大会上通过的《里约宣言》《21 世纪议程》；1993 年联合国环境规划署理事会通过的《蒙特维地区方案》；1998 年欧洲经济委员会通过的《奥胡斯公约》；2002 年在南非召开的"可持续发展世界首脑会议"，其政治宣言第 26 条承诺："我们认为可持续发展需要长远的眼光和各个层面广泛地参与政策制定、决策和执行。"

与西方发达国家相比，我国对公众参与的采纳较晚。由于农村发展较落后，农民环保意识薄弱等，对农村环境保护中的公众参与的研究比较少，本研究主要从公众参与农村环境治理的认识、现状，公众参与环境治理的法律与制度，公众参与环境治理行为影响因素、建议几个方面开展研究。

1.2 公众参与农村环境治理的必要性

随着生态文明建设和社会主义新农村建设工作的逐步推进，大部分学者已经认识到，在农村环境治理的工作中引入公众参与极为重要。许多学者开始认识到农村环境的有效治理不能缺少农民的参与，纷纷开展了农民环境权与环境的关系等研究。刘慧（2014）认为公民参与农村环境污染治理是实现公民环境权的需要。公民环境权是指公民对环境资源所享有的法定权利。它是实体环境权和程序环境权的有机统一。农民只有参与到农村环境污染治理中，明确自己的环境权益，知晓国家相关的环境法律法规和政府对农村环境的管理政策，了解身处的环境状况，才能更好地向国家生态环境部门主张自己的权利以及向司法机关行使环境侵害的请求权。

随着工业化进程加快，政府和地理因素等影响说明了公民参与农村环境治理十分必要。沈海军（2013）认为，近年来，随着我国工业化、城镇化进程的加快，环境污染问题严重制约了农村社会经济的可持续发展，在农村环境污染治理中忽视其至缺乏公民的参与。没有公民的广泛参与，仅仅依靠政府进行污染治理，往往会偏离或背离公共目标，公共权力就容易失控。郑新华（2016）从政府改革的角度看，认为公民参与农村环境污染治理有利于推动农村基层政府转型。当前农村一些地方存在的环境污染和干群关系紧张等问题，与政府落后的管理方式和管理理念有密切的关系。要通过农民的政治参与，促进其公民主体性的发育，监督约束政府的权力，增强政府官员的服务意识，从而推动农村基层民主政治的发展。金巧巧、顾金土（2015）认为公众参与有助于纠正"政府失灵"现象并增强政府的合法性，因为当前在农村环境治理中，政府发挥着重要的主导性作用，但政府也不是万能的，政府在环境治理中存在着许多失灵的情况。而农村中的村民是与公共环境联系最密切的人，村民的积极参与和信息反馈有利于减少政府组织内部的决策错误。于水、李波（2016）认为当前政府环境保护调整方式存在着一定的问题，如政府各部门之间协调不足、手段单一，环境政策实施不力，难以有效实现环境保护的整体目标，这不是一个组织或单凭国家自己就能解决的，它需要发动公众积极参与到农村环境保护中，这显然是一条行之有效的途径。除此之外，范海玉、申静（2009）认为我国幅员辽阔，地理环境复杂多样，当地居民最了解环境的真实情况。政府资源有限，只有鼓励公众积极参与，广泛吸收公众的意见和建议，才能对农村环境进行有效的管理和保护。

1.3 农村环境治理中的公众参与的现状论述

霍建云（2016）认为，当前农村环境治理公众参与中"观念性参与"现象严重。农村生态环境问题日益严重，但深受其害的大部分农民只是停留在对生态环境问题的认识中，鲜有实际的参与行动。除了公众自身参与观念性不强，外部的软硬件不到位、相关立法缺乏、政府和民间环保组织体系不够完善也影响了公众参与的积极性。徐成（2015）认为，由于农村环境基础配套设施相对落后，农村公众接收环境信息的渠道不畅，环境宣传教育工作也因各种软硬件而不到位，农村公众参与环境管理的能力堪忧。范海玉、申静（2009）认为当前关于农村环境治理公众参与的相关立法不够完善，过于零散、模糊，缺乏系统性，各种规范性文件之间存在冲突，实施效果不佳，而且公众参与农村环境保护相关立法都比较原则化，没有具体程序性规定，没有明确公众的权利、义务，没有规定相应的参与途径、程序，公众有效参与环保工作缺乏可操作性。陈梅、钱新、张龙江（2012）认为当前农村环境治理的组织体系不完善，我国环境管理中的公众参与是政府主导型的自上而下的形式，公众对政府的依赖性过强，导致参与的程度和效果主要受行政主管部门的态度影响，公众很难将自己独立的立场充分表达出来。袁宝成（2016）认为，当前我国民间环保组织发展迟缓，一直以来处在最初的起步阶段，目前，我国的民间环保组织缺乏国家政府部门的大力支持，资金上非常欠缺，而且缺乏社会人力资源，自身没有确切的发展目标。但是李咏梅（2015）、陈梅（2016）则认为随着我国一批社会主义新农村和生态文明村的出现，展现出了公众参与农村生态环境治理的良好现状。

1.4 公众参与环境治理的法律及制度研究

我国早期公众参与主要应用于环境影响评价（以下简称环评）过程中，因此这一时期很多学者对环评过程中的公众参与制度开展了大量研究，主要对环评中公众参与的制度建设、技术方法及其存在问题和解决途径等进行了深入的探讨。例如，宋国君、王小艳（2003）认为环评是我国环保领域的基本制度之一，公众参与在环评中的作用是不可替代的，并成为各国环评的基本内容。环评中公众参与的一般模式包括：公众享有环境知情权和参与决策权；合适的公众参与的主体范围；明确的公众参与环评的程序和方法；公众参与环评的保障机制。公众参与的作用是不可替代的。在环评中，公众与特定的建设项目或规划的申请者有一定的利益冲突，因而对于政府来说，必须倾听各方面的意见尤其是不同利益的代表者的意见，才可能保证决策的民主性、科学性。王志刚等（2000）认为公众参与的形式是公众与项目方以及环评工作组之间通过磋商进行信息交流。信息交流是公众参与的核心。信息交流的方式有会议讨论、建立信息中心（如设立热线电话和公众信箱）、开展社会调查等。会议讨论，是即时性双向交流，双方的磋商容易达成共识，是开展公众参与的一种主要方式。信息发布的媒介有大众传媒，如广播、电视、报纸、网络以及信息发布会等。信息收集主要是运用电话、网络与信箱等收集、记录公众的提问与建议，并回答公众关心的问题。社会调查是信息收集的方式之一，具体方式有访谈、通信、问卷和电话等。王超、曾玉香（2010）针对目前中国环评中公众参与的实施情况，从参与主体、实施主体和具体实施过程三方面对环境影响评价中公众参与制度存在的问题进行总结，认为当前参与主体——公众缺乏代表性和广泛性；实施主体——建设单位、环境影响报告书的编制单位和环境保护行政主管部门存在着先入为主的现象，无法非常客观、理性地看待不同的意见，加之经济利益的驱动，实施主体形成的公众参与报告往往存在难以克服的主观性。实施过程中常出现信息公开不充分、公众选择缺乏代表性、公众参与的组织形式单一、内容设置不科学、公众意见不被重视、公众参与的过程不完整等问题。田萍萍（2006）认为首先要完善公众参与的知情通道，促进信息交流；其次扩大公众参与的范围；最后将原则性条文具体化，进一步完善环评技术导则，将具体的操作规范在制定行政法规或者部门规章时予以解决，对现行环评中公众参与存在的一些技术问题可以通过制定相应的技术规范来解决。周冯琦、程进（2016）认为首先要转变环境管理理念，向多元参与式环境治理转型；其次完善环保公众参与的相关法规，提高法规的可操作性，规范环境保护公众参与行为，推动公众依法参与；最后增进政府与公众的互信，提高环境公众参与效率，丰富环境公众参与内容，合理定位公众角色。刘磊（2009）认为要完善相关法律法规，强化法律地位；完善公众参与方式和内容，一般来讲，公众参与的模式或方式越多其有效性也越高；提高公众参与的透明度；完善公众参与监督体系等。

而在公众参与环境保护立法上，学者普遍认为我国目前仍然存在许多问题，学者们就如何建设好公众参与的法律法规以及现阶段我国法律法规存在的问题进行了广泛的探讨。例如，邓庭辉（2004）认为应尽快完善环境法、公众参与环境保护的法律制度和环境管理体系。宋国君、王小艳（2003）认为要尽快完善实体性规范，立法应当明确规定公众参与环评的内容，作为公众参与环评的实体性依据。史玉成（2008）认为要明确公众监督环保部门的执法行为的途径和方式，借助公众的力量，加大环境执法的力度，这是弥补现行体制下环保部门执法能力和执法权限不足的最为有效的手段。吴凯（2009）则认为环境法有关公众参与的现行规定过于原则和抽象，内容少、涉及面窄、形式过于单一，更缺乏鼓励公众参与的激励性规定，可操作性差。陈润羊、花明（2006）认为我国现行立法关于公众参与的规定，基本上是对环境污染和生态破坏发生之后的参与，即末端参与，参与的过程主要侧重于末端参与，事前的参与不够。环境问题具有危害的滞后性和不可恢复性等特点，这种末端参与不利于及时有效地防止环境纠纷和危害，与公众参与的根本性质有很大差距，也与实现环境法的目标相去甚远。汪丽霞（2008）认为就整个环境法而言，我国现有的此类立法较单一、零散、缺乏系统性，而且环境立法的内容存在简单重复现象。陈小燕、冉旺（2016）认为从现行的环境立法来看，公众参与还是柔性的规定，现行立法在理念上缺乏公众参与的指导思想，未体现公民在环境保护过程中的主体性地位。而且农民作为农村生活垃圾的制造者和受害者，其立法的权利和义务还较为模糊。宋望（2012）认为现阶段我国环境立法只有关于公众参与的一些原则性规定，没有具体的可行制度保证公众参与到农村环境保护之中，并且缺乏鼓励公众全过程参与的激励性规定，导致参与途径缺失，影响公众参与环境保护意愿的实现。吴梦茹（2012）认为当前法律规定赋予行政执法人员过大的自由裁量权。赵强等（2012）认为我国农村环境污染防治立法观念落后，现行环境保护法律体系的立法观念已不能充分反映社会主义市场经济体制的要求，我国的环境保护立法很大部分是在计划经济体制下制定的，未能体现科学发展观的要旨。

1.5 公众参与环境治理行为影响因素研究

在公众参与行为影响因素的分析方面，国内的学者总结出以下主要影响因素：性别、年龄、受教育水平、职业、环保知识、环保意识、个人环保习惯和环保态度等。任莉颖（2002）发现年龄、性别、收入水平、职业特征、受教育水平及环境知识等对公众参与环保行为影响显著。殷惠惠等（2008）针对农村公众的特点，探讨影响农村公众参与环保行为的主要因子，发现文化程度的影响最为显著。钱淑娟等（2008）发现性别、文化程度、职业对环保意识和环保行为影响显著，而环境意识与环境行为之间的关系却不显著。李小红（2010）在前人研究基础上，对影响中国和美国公众参与环境保护行为的因素进行了实证对比研究，发现影响两国公众参与环保行为的因素虽有些相同，但作用方向却相反。唐明皓（2009）则对环境态度和环境行为的关系进行了研究，发现人口变量（性别、年龄、职业、受教育水平）对环境态度和环境行为影响显著，而且环境态度与环境行为之间显著相关。

1.6 完善公民参与农村环境污染治理的建议

学者根据自己研究的不同情况提出完善公民参与农村环境污染治理的措施，从法律层面上，范海玉、申静（2009）认为要提高立法层级，完善法律体系，以法律形式明确农民的环境权。在宪法层面，应当将公民的环境权作为一项基本权利加以规定，并将环境权的理念贯彻到相关的部门法中，为公民尤其农民参与环境保护提供宪法和法律支撑。让公众有序参与环境治理，同时通过培育农民参与环保社团、建立公众听证会制度和完善农村环境保护中信息公开制度来拓宽公众参与的途径，让更多的农民可以更广泛地参与进来。从提高公众的自身参与度上，胡文婧（2015）认为要加强宣传教育，提高公众参与农村生态环境治理的意识和能力。首先，通过各种宣传手段提高公众对参与农村生态环境治理的认同感，要让以农民为主体的公众充分认识到参与农村生态环境治理不仅可以保障自我环境权益，而且可以维护其切身利益为后代造福；其次，要通过宣传教育使农民掌握农村环境的基础知识，使其能够与原先掌握的丰富乡土知识结合起来，正确地认识和保护环境。康琼（2008）认为要通过建立公众监督制度来保障农民能够参与其中；要培养和提高农民参与环境治理的意识和能力，使农民自觉保护自己生存的环境，让农民愿意参与到农村环境治理中。

还有学者认为要完善政府机构和相关机制，通过提升外部动力促进公众参与到农村环境污染治理中。陈江婴（2013）认为要运用市场和社会手段，建立公众参与农村环境整治的激励机制。通过各种形式的奖励，激发公众参与热情。彭小霞（2016）认为要积极发展农村社区环保组织机构，整合优化农村生活生产资源；以村为单位集中治理分散的农村污染源，能发挥规模效益优势，降低治理成本；要在听取村民意见的基础上制定社区的环境治理方案和组织活动章程。张丹花（2010）认为政府应该引导、支持民间环保组织的发展，为民间环保组织提供专业培训，充分发挥民间环保组织的积极作用，积极推动公众参与环境治理，努力营造适合民间组织发展的制度环境。霍建云（2016）认为要加强顶层设计，改善政府农村环境治理的能力，因为我国"自上而下"的治理方式依然处于主导地位，因此，必须改善政府生态环境治理能力，引导企业以及其他社会力量参与生态环境治理，最终形成政府、企业、社会的共治格局。与此同时，还必须要培养政府工作人员的道德素养，通过加强生态文明教育，提升政府工作人员的生态责任意识，使其能够正视当前农村严重的生态环境问题，在制定当地的发展规划时，能够保证既结合了本地实际情况，又促进了当地经济效益、生态效益和社会效益的统一。曾小溪、曾福生（2012）认为应加快环境信息披露制度建设，加强农村居民对于政策及其参与路径的了解。明确农村居民参与环评的权利，规定其参与环评的具体范围、程序、方式和期限，有利于保障其环境知情权，更好地使公众参与到环境治理中。宋望（2012）认为应建立政府环境保护绩效评价和责任追究制度。通过公众对政府环保工作进行评分和提意见等形式，完善公众对政府的监督机制，防止地方政府不能依法履行职责。同时建立农村环境保护社会教育机制，针对农村居民的实际情况，要把提高农民环境素质、培养环境文化、促进公众参与结合起来，建立学校教育、培训教育、媒体宣传"三位一体"的环保社会教育机制。把环保知识写入校本教材，从而培养中小学生的环境意识和责任感。沈艳（2015）认为要探索新的政治参与机制，拓展公民参与农村环境污染治理的渠道和方式。完善的政治参与机制是实现公民环境权益和促进农村和谐发展的重要保证。如果政治参与机制不健全，正常的利益表达渠道不畅，公民合理的环境利益诉求就得不到满足，就有可能导致民众在体制外寻找出路，从而影响农村社会稳定。

总结现有的国内外研究，学者对环境治理公民参与进行了广泛的研究，也取得了较多的成果，还发现了一些尚待进一步拓展和深入研究的问题。对我国环境保护公众参与情况的分析，显现了当前在我国环境保护公众参与迅速发展的同时也存在着一些不足。例如，关于区域性的农村环境公众参与的研究较少，区域的比较研究更是少有人论述；相关公众参与环境治理的法律过于空泛，缺乏具体、可操作的法律法规。环境污染问题与公众的切身利益息息相关，仅靠政府或某些部门是难以解决的，公众参与是解决环境污染问题的重要途径。发达国家在公众参与方面的丰富经验值得我们学习和借鉴。随着我国社会、经济、教育事业的不断发展，信息的加速传播，公众环保意识的增强，公众参与在环境保护中必将发挥越来越重要的作用。

1.7　文献述评

农村环境污染治理是一项复杂的系统工程，不仅对政策的质量有要求，对政策的接受性预期也有较高要求。对此，大量的外文文献探讨了如何在环境治理领域中平衡公众参与度。公众参与理念始于行为科学领域，后来被引入环境冲突的解决中，引导环境管理的实践活动，并逐渐获得政府的认可（Roger W. Cobb and Charles D. Elder，1975）。在农村的环境治理政府定位方面，国外学界从多个角度开展了大量的研究，并在现实中得以实践。John R. Parkins（2010）认为当今社会的文化多元性、管理系统的复杂性、环境问题的不确定性等使政府在环境治理过程中面临诸多困境，提高公众参与度是减轻政府负担的有效形式。只有当修正环境污染的危害所带来的收益大于修正当前市场结构和机构设置所产生的外部性的成本时，环境污染的市场失灵才会得到纠正（Ronald Coase，1960）。环境治理关键在于政府，应制定一个公开、公平、多方参与的可持续发展战略作为连接政府机构和私营部门行动的基础（Warwick Forrest et al.，1991）。以 M. Kuhn 为代表的衣阿华学派提出人的行为是被其地位、角色决定的，根据个体的参照群体，可以预测其自我评价，进而预测其行为。

国内基于农村环境的研究与实践起步相对较晚，受到国外理论与实践的影响也较大。在农村环境污染与危害方面，目前学术界认识较为统一，强烈呼吁加强农村环境治理，并且从农村发展（陈建刚，2017；杨继富，2017；殷玉芳，2015；严旭阳等，2008）、治理机制（李桂林，2015；张瑞晓，2014；郑丽红，2013；李爱东，2013）、"三农"问题（李辉作，2007；温铁军，2016；张玉林等，2016）等角度进行了大量的分析与论证。如果就水、土、气的综合状况进行国家间的比较，今天的中国或是世界上环境负荷最大、污染最严重的国家之一，农村又是污染问题的重灾区，是"痛中之痛"（张玉林，2015）。在全国近 60 万个行政村中，有 20 万个村庄的环境"迫切需要治理"。近十几年来，由于农村环境污染排放不断增加，农村环境状况日益恶化，那种"落霞与孤鹜齐飞，秋水共长天一色"的美景大部分已经消失不见。"癌症村""不宜居地"等案例频繁出现在公众视野中。完善我国的区域环境管理体制，是当前环境保护面临的一项严峻挑战，也是生态文明建设中政府职能转变和完善的重要议题（杨妍等，2009）。农村环境问题情况十分复杂（杨继富等，2006），只靠政府一方"划桨"，就会出现要么"动力"不足，要么"单边"使力，致使社会建设的"大船"不稳（陈建刚，2011），应该构建政府、村民自治组织与村民"三位一体"合作治理模式（朱明贵，2014）。

公众的政治参与、社会生活参与对于农村环境污染治理意义重大。善治有赖于公众自愿的合作和对权威的自觉认同，没有公众的积极参与和合作，最多只有善政，而不会有善治（俞可平，2002）。广袤的农村地区其环境治理必然有别于城市的集中排放与集中治理，更需要参与式的环境治理模式，科学的公众参与机制是农村环境治理可持续的关键。环境规制、公众参与都影响环境污染，忽视公众参与，仅分析环境规制对环境污染的影响有其局限性（王岭，2011）。农村生态环境多元主体合作治理要处理好各个主体之间的关系（李尚琨，2014）。与发达国家相比，发展中国家人民的环境要求和环境意识均远低于前者，社会动员能力也比较弱，政府在环境治理方面的积极作为更显重要（肖巍等，2003）。国际经验方面，从日本环境治理的政策来看，环境政策工具的种类从单一简单走向复合多样，环境政策工具越来越重视经济激励手段和社会管理手段的使用（卢洪友，2013）。各国的经验表明公众参与可以极大地促进环境保护的发展，环境污染的预防离不开公众参与已获得越来越广泛的认同（王艳艳，2011）。逐步构建多个主体共同参与的环境污染治理对策可以促进中国环保事业更好地向前发展（赵济洋等，2014）。由此可见，处理好各个主体之间的关系是农村环境污染治理的普遍认识；公众作为不可或缺的主体，得到了较多的认可和提倡，但是公众如何参与、受到哪些因素影响、如何构建机制、可行性如何等还需更多的研究与探讨。

梳理国内外文献可知公众参与的重要性及其现状研究较为充分，具体到农村，环境领域还处于冷门领域，特别是从农村环境治理的角度，公众满意度、参与机制等相关研究方面目前较为冷门，这也是本研究的出发点，在现有重要性、现状、理论介绍等研究的基础上，拓展到公众参与农村环境污染治理领域。

2

农村环境污染与治理现状

改革开放以来，我国的经济发展取得了举世瞩目的成就，随着工业化和城镇化进程的加快，环境污染问题日益凸显。尤其是农村环境，作为城市生态系统的支持者，一直是城市污染的消纳方。随着城镇化和工业化进程的加快，农村地区的经济发展取得了长足的进步，但是生态环境付出了惨痛的代价，环境管理系统和管理措施十分缺乏，致使农村环境形势越发严峻。固体废物和垃圾处置、工业污染、城市污染向农村地区转移等问题的累积，使得农村环境污染从点污染开始向面污染扩散，严重影响了农村社会经济的可持续发展。农村环境治理成为加强生态文明建设迫在眉睫的工作。厘清当前农村环境的污染种类、污染程度、污染范围等基本情况有助于更好地开展农村环境治理工作。

2.1 环境资源利用现状

2.1.1 土地资源

2.1.1.1 农用地和建设地利用情况

截至 2015 年年底，全国共有农用地 64 545.68 万 hm^2，其中耕地 13 499.87 万 hm^2（20.25 亿亩[①]），园地 1 432.33 万 hm^2，林地 25 299.20 万 hm^2，牧草地 21 942.06 万 hm^2；建设用地 3 859.33 万 hm^2，含城镇村及工矿用地 3 142.98 万 hm^2（图 2-1）。

由图 2-2 可知，2001—2015 年全国的耕地面积总体呈上升趋势，2001—2010 年耕地面积总体呈下降的趋势，2012 年耕地面积有较大幅度的增加，2012—2015

————————————————

① 1 亩=1/15 hm^2。

年耕地面积基本呈平稳趋势。

2015 年，全国因建设占用、灾毁、生态退耕、农业结构调整等原因减少耕地面积 30.17 万 hm²，通过土地整治、农业结构调整等增加耕地面积 24.23 万 hm²（图 2-3）。

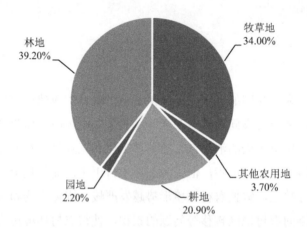

图 2-1 2015 年全国农用地利用情况

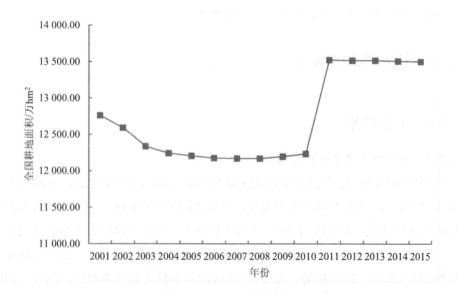

图 2-2 2001—2015 年全国耕地面积变化情况

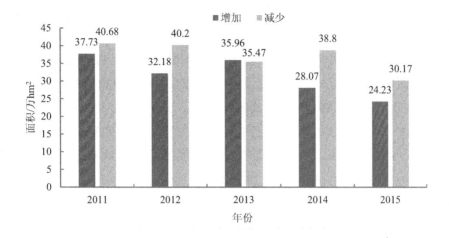

图 2-3 2011—2015 年耕地面积变化

2.1.1.2 耕地质量

2015 年，全国耕地平均质量等别为 9.96 等[①]。其中，优等地面积为 397.38 万 hm^2（5 960.63 万亩），占全国耕地评定总面积的 2.90%；高等地面积为 3 584.60 万 hm^2（53 768.98 万亩），占全国耕地评定总面积的 26.50%；中等地面积为 7 138.52 万 hm^2（107 077.81 万亩），占全国耕地评定总面积的 52.80%；低等地面积为 2 389.25 万 hm^2（35 838.72 万亩），占全国耕地评定总面积的 17.70%（图 2-4）。

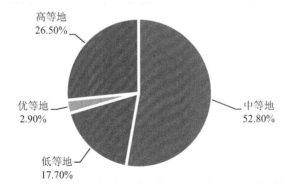

图 2-4 2015 年全国耕地质量等别面积所占比例情况

① 全国耕地评定为 15 个等别，1 等耕地质量最好，15 等耕地质量最差。1～4 等、5～8 等、9～12 等、13～15 等耕地分别划为优等地、高等地、中等地、低等地。

由图 2-4 可以看出，2015 年我国耕地中等质量的居多，占比 52.80%；优、高等质量耕地较少，占比 29.40%，其中优等地占比最小（2.90%）。

根据第三次到第五次全国荒漠化和沙化监测结果可以得到，截至 2014 年，全国荒漠化土地面积 261.16 万 km^2，占国土面积的 27.2%；沙化土地面积 172.12 万 km^2，占国土面积的 17.93%。2014 年与 2009 年相比，5 年间荒漠化土地面积净减少 12 100 km^2，年均减少 2 420 km^2；沙化土地面积净减少 9 900 km^2，年均减少 1 980 km^2。与 2004 年相比，10 年间荒漠化土地面积净减少 24 600 km^2，年均减少 2 460 km^2；沙化土地面积净减少 18 500 km^2，年均减少 1 850 km^2（图 2-5）。自 2004 年以来，全国荒漠化和沙化状况连续 3 个监测期"双缩减"，呈现整体遏制、持续缩减的态势，但防治形势依然严峻。

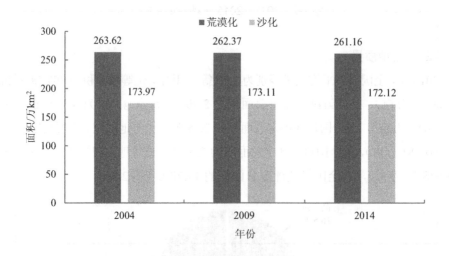

图 2-5　全国荒漠化和沙化情况

2.1.2　水资源利用情况

2.1.2.1　全国用水量

由图 2-6 可以看出，2000—2016 年全国用水总量呈波折上升的趋势，2000—2001 年有所上升，2001—2003 年有所下降，并且在 2003 年达到最低用水量 5 320.4 亿 m^3，2003—2013 年一直呈上升趋势，并于 2013 年达到 17 年以来的最高值 6 183.4 亿 m³，自 2014 年全国用水量又出现回落的趋势，2016 年全国用水总量为 6 040.2 亿 m³，占当年水资源总量的 18.6%。

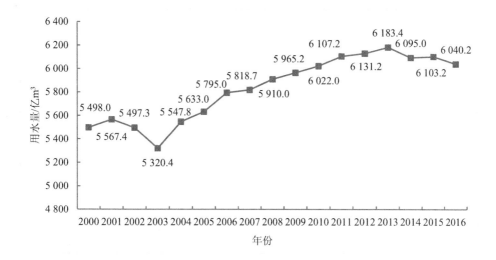

图 2-6　2000—2016 年全国用水总量

由图 2-7 可知，2000—2016 年用水量占水资源总量百分比呈波折下降的趋势，但下降幅度并不明显。2000—2004 年全国用水量占水资源总量的百分比整体呈上升趋势，由 19.8% 上涨到 23.0%；随即在 2005 年又降到 20.1%；2005—2009 年又呈现波折上升的态势，且整体上升幅度大于上一上升周期；随即 2010 年又骤降到 19.5%，2011 年骤升到最高值 26.3%；2012—2016 年呈整体下降的趋势，2016 年下降到 18.6%。

由表 2-1 可以看出，2000—2016 年农业用水量所占百分比最大，均在 61% 之上，其次是工业用水、生活用水、人工生态环境补水。

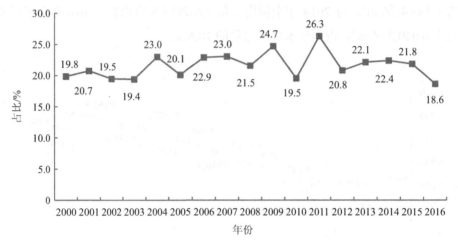

图 2-7　2000—2016 年全国用水量占水资源总量百分比

表 2-1　2000—2016 年全国各领域用水情况

年份	生活用水/亿 m³	百分比/%	农业用水/亿 m³	百分比/%	工业用水/亿 m³	百分比/%	人工生态环境补水/亿 m³	百分比/%
2000	575.0	10.5	3 784.0	68.8	1 139.0	20.7	—	—
2001	599.9	10.8	3 825.7	68.7	1 141.8	20.5	—	—
2002	618.7	11.3	3 736.2	68.0	1 142.4	20.8	—	—
2003	630.9	11.9	3 432.8	64.5	1 177.2	22.1	79.5	1.5
2004	651.2	11.7	3 585.7	64.6	1 228.9	22.2	82.0	1.5
2005	675.1	12.0	3 580.0	63.6	1 285.2	22.8	92.7	1.6
2006	693.8	12.0	3 664.4	63.2	1 343.8	23.2	93.0	1.6
2007	710.4	12.2	3 599.5	61.9	1 403.0	24.1	105.7	1.8
2008	729.3	12.3	3 663.5	62.0	1 397.1	23.6	120.2	2.0
2009	751.6	12.6	3 722.3	62.4	1 389.9	23.3	101.4	1.7
2010	764.8	12.7	3 691.5	61.3	1 445.3	24.0	120.4	2.0
2011	789.9	12.9	3 743.5	61.3	1 461.8	23.9	111.9	1.9
2012	741.9	12.1	3 899.4	63.6	1 379.5	22.5	110.4	1.8
2013	748.2	12.1	3 920.3	63.4	1 409.8	22.8	105.1	1.7

年份	生活用水/亿 m³	百分比/%	农业用水/亿 m³	百分比/%	工业用水/亿 m³	百分比/%	人工生态环境补水/亿 m³	百分比/%
2014	768.0	12.6	3 870.4	63.5	1 353.1	22.2	103.6	1.7
2015	793.5	13.0	3 852.2	63.1	1 334.8	21.9	122.7	2.0
2016	821.6	13.6	3 768.0	62.4	1 308.0	21.6	142.6	2.4

由图 2-8 可以看出，全国农业用水量从 2000 年的 3 784.0 亿 m³ 下降到了 2016 年的 3 768.0 亿 m³，总体呈先下降后上涨再下降的趋势。2000—2001 年呈上涨趋势，2001—2003 年呈下降趋势，且下降幅度较大，并且在 2003 年达到最低值 3 432.8 亿 m³；2003—2013 年整体呈上涨趋势，中间有部分年份略有下降，但总体呈上涨趋势，并且在 2013 年达到最高值 3 920.3 亿 m³；2013—2016 年呈缓慢下降趋势。

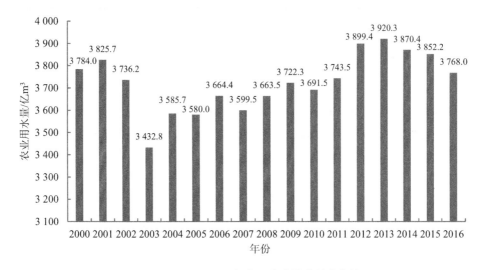

图 2-8　2000—2016 年全国农业用水量变化情况

数据来源：水利部。

图 2-9 展示了全国 2000—2016 年全国生活用水情况。可以看出，2000—2016 年生活用水从 575.0 亿 m³ 上涨到了 821.6 亿 m³，整体呈上涨趋势。其中 2000—2011 年生活用水量一直呈上升趋势，2011—2012 年生活用水量有所下降，

随即在 2012—2016 年又呈逐年上涨的趋势。

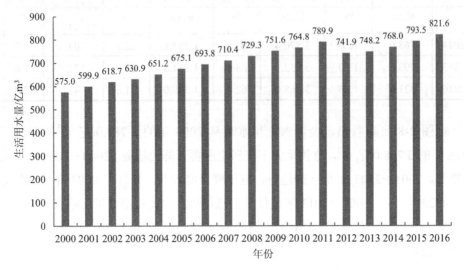

图 2-9 2000—2016 年全国生活用水量变化情况

2.1.2.2 农田灌溉

农田灌溉是农业用水中的重要组成部分，由表 2-2 可以看出，2000—2015 年农田有效灌溉面积总体上呈现上涨趋势，耕地实际灌溉亩均用水量从 2000 年的 479 m^3 下降到了 2016 年的 380 m^3，农田灌溉水有效利用系数则逐年上涨，说明农田灌溉效率逐年上涨，农田灌溉用水总量逐年下降。

表 2-2 2000—2016 年农田灌溉情况

年份	有效灌溉面积/10^3 hm^2	耕地实际灌溉亩均用水量/m^3	农田灌溉水有效利用系数
2000	53 820.33	479	——
2001	54 249.391 07	479	——
2002	54 354.9	479	——
2003	54 014.23	430	——
2004	54 478.42	450	——
2005	55 029.339	448	——
2006	55 750.495 9	449	——
2007	56 518.342 67	434	——

年份	有效灌溉面积/10^3 hm²	耕地实际灌溉亩均用水量/m³	农田灌溉水有效利用系数
2008	58 471.680 39	435	—
2009	59 261.4	431	—
2010	60 347.7	421	—
2011	61 681.6	415	0.510
2012	63 036.4	404	0.516
2013	63 473.3	418	0.523
2014	64 539.5	402	0.530
2015	65 872.6	394	0.536
2016	—	380	0.542

2.1.2.3　生活用水

由图 2-10 可以看出，城镇居民人均生活用水量总体一直高于农村居民人均生活用水量。城镇居民人均生活用水量 2000—2016 年总体变化不大，2000—2009 年呈略微下降的趋势，2009—2012 年总体呈正 "U" 形趋势，在 2010 年达到最低值 193 L/d。2013—2016 年总体又呈缓慢增长的趋势。

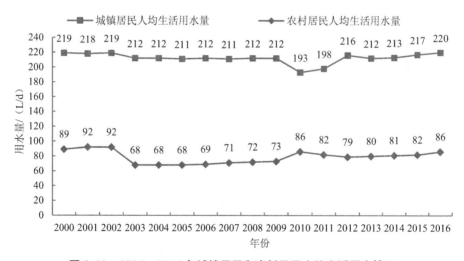

图 2-10　2000—2016 年城镇居民和农村居民人均生活用水情况

农村居民人均生活用水量在 2000—2016 年总体变化也不大。2000—2002 年呈缓慢上涨的趋势，2003 年出现较大幅度的下降，2003—2005 年一直保持 68 L/d 的平稳态势，2006—2010 年呈缓慢增长的趋势，2010—2016 年总体呈比较缓和的"U"形趋势。

总体而言，农村居民人均生活用水量一直在城镇居民之下，并且多年来并无太大的变化。

2.2　农村环境污染情况

根据《村镇生活污染防治最佳可行技术指南（试行）》（HJ-BAT-9），村镇生活污染指村镇居民生活或为生活提供服务的活动所产生的生活垃圾、生活污水、空气污染等环境污染，不包括为发展村镇经济而开展的工业生产活动（如村办企业、农产品加工、规模化禽畜养殖等)和卫生院医疗垃圾产生的污染。王晓君（2017）采用农村生态环境质量压力系统、农村生态环境质量状态系统、农村生态环境质量人文响应系统等层面的 22 个评价指标分析了 2000—2015 年我国农村生态环境质量的动态变化。研究结果表明：2000—2015 年我国农村生态环境质量的综合评价得分从 0.669 下降到 0.387，农村生态环境质量总体呈恶化趋势，农村生态环境承受的污染排放压力越来越大，环境治理投入较少，尚未形成对农村生态环境恶化情形的逆转。他还表示，如果继续延续过去的农业经济发展模式，2020 年我国农村生态环境质量状况将会持续恶化，与"十三五"绿色发展的目标还有较大差距。黄英、周智等（2015）基于 2011 年省际面板数据运用超效率 DEA 对农村生态环境治理投入-产出指标体系进行了效率评价，并结合农村经济发展水平构建综合评价矩阵对 31 个省（区、市）进行了聚类分析，结果表明东部、西部、中部地区在农村生态环境治理效率上存在一定程度的差异。

2.2.1　生活垃圾

已有调查研究表明，农村地区的生活垃圾主要来源有以下几方面：①餐饮来源：主要包括日常餐饮产生的过剩食材，包括变质丢弃食材，如剩饭、剩菜等；加工丢弃食材，如菜叶、菜皮、菜梗、鸡蛋壳等；消费副食品产生的残余物，如果皮、果核等。②日常用品消费产生的包装和残余物来源：日常生活消费中产生的剩余物品，如烟头、过期药品、燃煤（柴）灰渣；日常生活因个人卫生所需，使用后丢弃的物品，包括尿不湿、卫生巾、湿巾、卫生纸等。③生活用品淘汰来源：日常生活用品废旧、损坏、更新过程中淘汰下来的物品，包括旧衣物、废电池、废弃的小型电子产品、儿童玩具等，但不包括大型家具、家电以及其他大型电子产品等物品。④清扫来源：家庭室内、室外，村镇公共区域清扫产生的垃圾。⑤农业生产来源：农业生产过程中混入的少部分生产资料包装物（农膜、农药包装袋/瓶等）、作物秸秆、畜禽粪便、产业经济附属产品等（韩志勇，2017）。

常用的垃圾处理方法主要有综合利用、卫生填埋、焚烧和堆肥。处理模式主要有直运处理、转运处理和就近填埋处理（王丽敏，2018）。①直运处理：农村村民产生的生活垃圾，自行投放或者由清洁员上门收集后送至村里的垃圾集中收集点。垃圾收集车辆负责从各个垃圾集中收集点收集垃圾后，送至县级或镇级（大型）生活垃圾卫生填埋场进行处理。直运处理仅需购置垃圾收集运输车辆，但距生活垃圾填埋场较远的村庄，运输成本相对较高。②转运处理：在乡（镇）中心，建设垃圾压缩转运站。垃圾收集车辆从各个垃圾集中收集点收集垃圾后，送至乡（镇）垃圾压缩转运站；在转运站生活垃圾经过压缩处理后通过垃圾转运车辆，将送至县级或镇级（大型）生活垃圾卫生填埋场进行处理。转运处理需建设垃圾压缩转运站，并购置垃圾收集车辆、垃圾转运车辆。其投资相对于直运处理较高，但因垃圾收运距离缩短，可提高运输效率，降低运营成本。③就近填埋处理：在乡（镇）中心建设生活垃圾卫生填埋场。垃圾收集车辆从各个垃圾集中收集点收集垃圾后，送至乡（镇）生活垃圾卫生填埋场。就近填埋处理需建设卫生填埋场，建立生产、生活辅助设施，并购置垃圾收集车辆。其处理方式进一步缩短了运输距离，降低了运营成本，但小规模的生活垃圾卫生填埋场单位投资偏高，填埋场垃圾渗滤液很难得到安全处置。

已有文献的研究调查表明（表2-3），农村人均垃圾产生量均大于2011年住房和城乡建设部调查的人均 0.5 kg/d，也远高于《镇规划标准》（GB/T 50188—2007）中规定的 0.1～0.3 kg/（人·d），2012年城市人均垃圾产生量为 1.12 kg/d。农村生活垃圾年产生量均在 1.5 亿 t 以上，高于 2016 年央视网报道的 1.5 亿 t，《2016年全国大、中城市固体废物污染环境防治年报》发布的城市生活垃圾排放量为

1.856 4 亿 t，可见农村生活垃圾年产生量已逐渐赶追城市生活垃圾年产生量，农村生活垃圾的处理问题不容小觑。

表 2-3　农村生活垃圾年产生量

年份	生活垃圾产生量/ [kg/（人·d）]	调查区域	农村常住 人口/ 亿人	农村生活垃圾 年产生量/ 亿 t
2007	0.86 （姚伟，2007[*]）	全国 31 个省（区、市）	5.94	1.86
2010	0.95 （黄开兴，2012）	北京、吉林、河北、浙江、安徽、四川、云南	7.69	2.67
2014	0.76 （岳波，2014）	北京、天津、辽宁、山东、河南、河北、安徽、陕西、湖北、湖南、浙江、江苏、江西、四川、上海、重庆、福建、广西、广东、海南、云南、甘肃、青海	6.19	1.72
2016	0.70	——	5.90	1.50
平均值	0.82		——	——

注：* 农村人口数据来源于国家统计局。

表 2-4 展示了 2011 年世界部分国家人均垃圾回收量的情况，以我国农村生活垃圾人均产生量的平均值 0.82 kg/d 和 2011 年世界部分国家的人均生活垃圾产生量做比较。可以看出，我国农村生活垃圾人均产生量小于世界部分国家的人均生活垃圾产生量。整体来看，亚洲地区的人均生活垃圾产生量小于欧美地区的人均生活垃圾产生量。

表 2-4　2011 年世界部分国家人均生活垃圾回收量

国家	人均生活垃圾产生量/（kg/d）	回收率/%
日本	0.98	21
韩国	1.00	61
美国	1.90	34
英国	1.42	39

国家	人均生活垃圾产生量/（kg/d）	回收率/%
法国	1.44	37
加拿大	0.94	33
德国	1.64	63
奥地利	1.51	59
比利时	1.27	56
荷兰	1.63	51
瑞士	1.89	50
瑞典	1.26	48
卢森堡	1.88	46
丹麦	1.97	43
挪威	1.32	40
芬兰	1.38	35
西班牙	1.45	33
意大利	1.47	32

表 2-5 展示了 2006—2016 年我国农村生活垃圾处理情况。可以看出，2006—2014 年有生活垃圾收集点的行政村比例逐年增多，占比从 10.9%上涨到 64.0%；2006—2016 年对生活垃圾进行处理的行政村数量占比也逐年增多，占比从 5.5%上涨到 65.0%。但是我们还可以发现，对生活垃圾进行集中处理的行政村数量远低于有生活垃圾收集点的村数量，占全国的百分比也远小于后者，这说明部分村庄虽然有生活垃圾收集点，但是并没有集中处理，农村的生活垃圾集中处理设施仍有待完善。

表 2-5　2006—2016 年农村生活垃圾处理情况

年份	有生活垃圾收集点的行政村/个	百分比/%	对生活垃圾进行处理的行政村/个	百分比/%
2006	294 436	10.9	148 067	5.5
2007	152 892	26.8	57 703	10.1
2008	176 039	31.0	66 564	11.7
2009	198 848	35.0	100 641	17.7
2010	212 025	37.6	117 095	20.8

年份	有生活垃圾收集点的行政村/个	百分比/%	对生活垃圾进行处理的行政村/个	百分比/%
2011	231 946	41.9	135 464	24.5
2012	261 260	47.4	162 129	29.4
2013	294 172	54.8	196 412	36.6
2014	349 774	64.0	263 412	48.2
2015	—	—	337 173	62.2
2016	—	—	342 004	65.0

数据来源：住房和城乡建设部。

由表 2-6 可以看出，东部地区人均生活垃圾产生量为 0.856 kg/d，中部地区为 0.813 kg/d，西部地区为 0.417 kg/d。东部地区的人均生活垃圾产生量略高于中部地区，东部、中部地区的产生量是西部地区产生量的近 2 倍。除受经济发展水平的影响之外，这一现象还与各地区的燃料结构、生活习惯等因素相关。

表 2-6 中部、东部、西部农村生活垃圾产生量

东部地区			中部地区			西部地区		
地区	生活垃圾产生量/[kg/（人·d）]	样本量/份	地区	生活垃圾产生量/[kg/（人·d）]	样本量/份	地区	生活垃圾产生量/[kg/（人·d）]	样本量/份
北京	0.958	14	山西	1	2	内蒙古	1.061	0
天津	1.226	24	吉林	1.21	2	广西	0.412	7
河北	0.89	3	黑龙江	0.394	4	重庆	0.587	11
辽宁	1.042	23	安徽	0.532	67	四川	0.381	22
上海	1.253	3	江西	0.426	5	贵州	0.093	4
江苏	0.451	28	河南	1	2	云南	0.398	12
浙江	0.611	42	湖北	0.743	4	西藏	0.099	3
福建	0.775	2	湖南	1.195	6	陕西	0.358	10
山东	1.003	5	—	—	—	甘肃	0.208	4
广东	0.561	10	—	—	—	青海	0.85	2
海南	0.641	4	—	—	—	宁夏	0.357	0
—	—	—	—	—	—	新疆	0.195	4
共计	9.411	158	—	6.5	92	—	4.999	79
均值	0.856	—	—	0.813	—	—	0.417	—

数据来源：韩志勇，2017。

2.2.2 生活污水

农村污水分为居民生活污水与生产污水。随着农村生活水平的提高，水冲厕所在农户开始普及，洗涤用水增加，农村地区的生活用水量和集中供水率逐年提高。农村生活污水排放量逐年增大，主要包括洗涤用水、洗浴用水、厨房用水、厕所用水，居民生产污水主要来源于家禽的养殖。2017 年我国农村人口 5.77 亿，城镇人口 8.13 亿，按照农村人均日生活用水量 86 L，城镇人均日生活用水量 220 L，排放系数 0.8 估算，全年累计需处理农村生活污水 144.90 亿 m^3，城镇生活污水 522.27 亿 m^3，农村生活污水为城镇生活污水的 27.74%。农村生活污水处理问题亟须解决。

调查研究表明，不同类型的生活污水的成分特征和污水水量存在很大差异。目前仍有部分农村使用的是旱厕，所以厕所污水量相较生活洗涤污水占比较少，生活洗涤用水主要是洗漱、洗衣、洗澡污水，这类污水的排放量大，因此占比较高（46%）。由表 2-7 可知，厕所污水排放的化学需氧量、生化需氧量、磷、氮是最多的；其次是厨房污水，虽然排放量较少，但是厨房用水主要是洗碗水、洗菜水等，含有大量的洗洁精等化学成分，是化学需氧量以及生化需氧量的主要来源，所以产生的污染物较多。

表 2-7　生活污水污染物来源

污水来源	污水量占比/%	化学需氧量/[kg/（人·d）]	生化需氧量/[kg/（人·d）]	磷/[kg/（人·d）]	氮/[kg/（人·d）]
厕所	26	27.5	9.1	0.7	4.4
生活洗涤	46	3.7	1.8	0.1	0.4
厨房	16	16	11	0.07	0.3
其他	12	—	—	—	—
总计	100	47.2	21.9	0.87	5.1

数据来源：刘晓慧，2015。

对生活污水进行处理的行政村数量虽然一直在增加，但生活污水处理在我国农村发展依然比较落后，由表 2-8 可以看出，截至 2016 年，我国对生活污水进行处理的行政村仅占全国的 20.0%，绝大部分的行政村对生活污水没有进行处理。农村生活污水处理是改善农村人居环境、提高农村居民生活水平的重要内容，也是农村现代化的重要标志，解决农村生活污水问题迫在眉睫。

表 2-8　2006—2016 年农村生活污水处理情况

年份	污水处理率/%	对生活污水进行处理的行政村/个	百分比/%
2006	—	28 409	1.0
2007	—	14 982	2.6
2008	—	19 181	3.4
2009	—	27 825	4.9
2010	—	33 807	6.0
2011	—	37 268	6.7
2012	—	42 293	7.7
2013	—	48 851	9.1
2014	—	54 574	10.0
2015	—	61 995	11.4
2016	11.38	105 232	20.0

2.2.3　畜禽养殖污染

作为世界第一的畜禽养殖大国，我国养殖污染问题十分严重，据《畜禽养殖污染防治最佳可行技术指南（试行）（征求意见稿）》，目前我国畜禽养殖业每年产生约 30 亿 t 粪污。

由表 2-9 可以看出，2010 年的粪污排放量已经超过《畜禽养殖污染防治最佳可行技术指南（试行）（征求意见稿）》中的 30 亿 t，并且畜禽养殖产生的粪污会产生大量的总氮和总磷。首先会造成土壤的营养富积，农村大部分地区对畜禽粪便没有做进一步的处理，一般都是放任不管或是作为有机肥料播撒到农田中，长此以往，将导致磷、铜、锌等有害微量元素在环境中富积，从而对农作物产生毒害作用。其次会造成水体污染，未经处理的粪尿一部分氮挥发到大气中增加了大气中的氮含量，严重的形成酸雨从而危害农作物，其余的大部分被氧化成硝酸盐渗入地下，或随地表水流入河道，造成更为广泛的污染，致使公共水系中的硝酸盐含量严重超标。因此作为污染农村环境的重要来源之一，畜禽养殖粪便应当予以进一步的处理。

表2-9 畜禽养殖污染排放量　　　　　　　　　　　　单位：t

年份	粪污排放量	总氮	总磷
2003	$31.90×10^8$	$1\,394.60×10^4$	$378.50×10^4$
2006	$22.67×10^8$	$1\,103.40×10^4$	$220.10×10^4$
2010	$45.00×10^8$	$1\,597.00×10^4$	$363.00×10^4$

数据来源：王方浩，2003；翁伯琦，2006；郭冬生，2010。

2.2.4　农药农膜污染情况

由表 2-10 可知，2000—2015 年农用化肥施肥总量持续上升，并且氮肥、磷肥、钾肥、复合肥的施肥量也在逐渐增加，所有化肥当中，氮肥的使用量最高，复合肥其次，磷肥和钾肥相对较少。由图 2-2 可知 2001—2015 年的耕地面积变化情况，通过计算可得 2001—2015 年单位面积施肥量总体呈现上升趋势。

表2-10　2000—2015 年农用化肥施用情况

年份	化肥施用量/万 t	单位面积施肥量/（t/hm²）	氮肥/万 t	磷肥/万 t	钾肥/万 t	复合肥/万 t
2000	4 146.4	—	2 161.5	690.5	376.5	917.9
2001	4 253.8	0.333	2 164.1	705.7	399.6	983.7
2002	4 339.4	0.345	2 157.3	712.2	422.4	1 040.4
2003	4 411.6	0.358	2 149.9	713.9	438.0	1 109.8
2004	4 636.6	0.379	2 221.9	736.6	467.3	1 204.0
2005	4 766.2	0.390	2 229.3	743.8	489.5	1 303.2
2006	4 927.7	0.405	2 262.5	769.5	509.7	1 385.9
2007	5 107.8	0.420	2 297.2	773.0	533.6	1 503.0
2008	5 239.0	0.430	2 302.9	780.1	545.2	1 608.6
2009	5 404.4	0.443	2 329.9	797.7	564.3	1 698.7
2010	5 561.7	0.455	2 353.7	805.6	586.4	1 798.5
2011	5 704.2	0.422	2 381.4	819.2	605.1	1 895.1

年份	化肥施用量/万 t	单位面积施肥量/（t/hm²)	氮肥/万 t	磷肥/万 t	钾肥/万 t	复合肥/万 t
2012	5 838.8	0.432	2 399.9	828.6	617.7	1 990.0
2013	5 911.9	0.437	2 394.2	830.6	627.3	2 057.5
2014	5 995.9	0.444	2 392.9	845.3	641.9	2 115.8
2015	6 022.6	0.446	2 361.6	843.1	642.3	2 175.7

数据来源：中国环境统计年鉴。

由表 2-11 可以看出，2005—2015 年塑料薄膜使用量以及地膜使用量均呈整体上升趋势；地膜覆盖面积呈波折上升趋势，2011 年发生大幅上升，但又于 2012 年骤降，2012—2015 年逐年缓慢上升；农药使用量总体呈上升的趋势。

表 2-11　2005—2015 年农药和农膜使用情况

年份	塑料薄膜使用量/t	地膜使用量/t	地膜覆盖面积/hm²	农药使用量/t
2005	1 679 985	931 481	13 063 148	1 386 028
2006	1 762 325	959 459	13 518 377	1 459 945
2007	1 937 468	1 056 151	14 938 348	1 622 837
2008	2 006 924	1 105 761	15 308 075	1 672 259
2009	2 079 697	1 127 934	15 501 123	1 708 998
2010	2 172 991	1 183 756	15 595 604	1 758 219
2011	2 294 536	1 244 845	19 790 495	1 787 002
2012	2 383 002	1 310 822	17 582 456	1 806 057
2013	2 493 183	1 361 788	17 656 986	1 801 862
2014	2 580 211	1 441 453	18 140 255	1 806 919
2015	2 603 561	1 454 828	18 318 355	1 782 969

数据来源：中国环境统计年鉴。

可以发现，农村环境污染一是来自农村自身的农业生产（刘璐，2015）。在农村，农民的主要收入来源就是从事农业活动，由于农民缺乏环境保护意识，在从事农业活动中的一些不合理行为会造成土壤污染。不合理地使用或者过量使用农药和肥料会使有毒有害物质残留在土壤中，改变土壤内部结构形态，引发土壤污染（韩兴磊，2016）。此外，过量使用化肥和农药也会造成河流和地下水水质恶化、氮氧化合物等大气污染，农作物秸秆的焚烧也会加剧空气污染（田恩花，2016）。二是来自农民日常生活（席北斗，2017；周上博，2015；刘英敏，2014）。随着经济的发展，农民的生活方式发生了变化。所以农民日常生活也给农村环境带了巨大的压力。生活垃圾、生活污水、粪便以及农村能源结构特点和用能方式都能引起污染。我国只有少数发达地区的农村建立了比较科学的垃圾管理机制，大部分偏远地区的农村没有符合标准的垃圾处理设施，生活垃圾的主要处理方式仍是焚烧或填埋，甚至有些村庄根本不做处理。就近倾倒、堆积如山是目前农村地区常见的现象（张立秋，2013）。畜禽粪便和养殖污水一般都没有经过无害化处理，这不仅使水体富营养化，大气含有有害物质，更对人体健康造成极大威胁（莫欣岳，2016）。目前，很多农村地区土壤中的重金属污染已经严重影响了食品安全，更阻碍了现代农业的进程。三是来自城市污染转移。城镇化和工业化的推进加速了要素流动，也加快了城市生活垃圾和工业污染向农村的转移（李雪娇，2016）。一些高耗能、高耗水、高污染企业逐步退城进村，排放的废水、废气等对农村环境造成了严重污染（邓小云，2014）。

2.2.5 农村环境污染主要原因分析

总的来看，农村环境污染的原因有以下几方面。

2.2.5.1 城市污染转移

城市人口密集，市民衣食住行和城市建设消耗的资源多，产生的垃圾数量庞大，需要进行集中处理。简单分类后，塑料瓶、废纸、旧金属、旧家电等被送去废品回收站进行处理，循环利用。其他的食物剩渣、商品包装袋、碎玻璃、旧电池、旧衣物、一次性餐具和医疗卫生用品都被运到垃圾中转站，再运往郊区或农村进行焚烧填埋。此外，城市工程建设和房屋装修产生的固体废物也大多运去农村堆放。这虽然是一个能在短时间内把大量垃圾处理掉的方法，但会带来负面影响。塑料袋和一次性餐具深埋多年也无法降解；部分废弃医疗器材携带有病毒；食物残渣腐烂产生刺鼻难闻的气味，滋生细菌和蚊虫，传播疾病。雨水淋过大量垃圾后流入河中污染河流，还会通过地表渗透的方式污染地下水。工程建设和房屋装修产生的废弃物本身含有超标的化学物质，在用卡车运输和卸载时产生大量粉尘，干扰交通视线，也危害村民身体健康。

2.2.5.2 农民的环境意识薄弱

改革开放的不断深入和国民经济的快速发展，使得农民的生活方式发生了翻天覆地的变化，但与经济的高速发展不相符的是农民的个人习惯并没有改变，农村居民的生态文明、生活文明理念还有待提高。随着农民生活水平的逐渐提高，其产生的农村污染物和垃圾总量也在连年增长，并且成分十分复杂。垃圾的分类回收和循环利用在城市中正在逐步推进，在一定程度上改善了城市环境。然而在农村地区，长期以来形成了垃圾随手倾倒、交给自然解决的生活习惯，广大农村居民既对环境问题不够重视，也没有相应的垃圾回收、管理设施，致使生活垃圾乱堆乱放现象严重。

2.2.5.3 缺乏长效监管机制

现阶段，健全的农村环境监管体制是防治农村环境污染、严格执行农村环境法律法规的重要前提和基础。我国农村环境治理缺乏长效治理监管机制，有些地方的农村环境治理仅仅是"形象工程"。在国家号召农村环境治理时，当地政府会象征性地治理一下农村环境，或者在农村建一些环保设施，或者用行政手段命令农民保护好环境。但是，在建了一些环保设施甚至环保工程后，由于没有长效监管机制，没有人负责监督和管理工程的正常运行，基层政府财政困难，缺少运转经费等原因，建设的环保工程也就成了摆设，不但达不到治理好农村环境的效果，反而浪费了大量资金和资源。

2.2.5.4 环境治理政策法规不健全

立法层面的治理规则缺失，使农村环境污染治理丧失了前置性的法律依托。综观我国环境污染治理方面的有关法律可以发现，在农村环境治理的具体事项上，还存在着不同程度的立法缺失。一方面，在某些特定领域的环境污染治理上，均没有制定相应的具体法律法规。在近几年来发展较快的农村城镇化给农村带来的环境问题以及乡镇企业对环境的污染和破坏等问题上，我国也存在立法空白点。另一方面，即使有立法，也由于相关法律在农村环境治理问题上的可操作性不强而被束之高阁。如《大气污染物综合排放标准》《中华人民共和国水污染防治法》《中华人民共和国噪声污染防治法》的规定大多是针对城市的，在农村很难适用。

2.3 农村环境治理情况

由表 2-12 可以看出，农村公用设施投入主要包括排水、污水处理、园林绿化、环境卫生、垃圾处理等方面，且 2007—2016 年全国农村公用设施建设投入呈波折上涨的趋势。2007 年农村公用设施建设投入为 232 619 万元，2016 年农村公用设施建设投入为 702 753 万元，其中最高投入为 2011 年（7 335 035 万元），最低投入为 2007 年（232 619 万元）。

表 2-12　2007—2016 年全国农村公用设施建设投入　　　　单位：万元

年份	排水	污水处理	园林绿化	环境卫生	垃圾处理	其他	合计
2007	49 925	8 367	38 868	36 843	11 486	87 130	232 619
2008	62 385	10 308	56 028	52 164	20 890	199 841	401 616
2009	688 003	—	509 974	524 335	—	767 505	2 489 817
2010	920 856	—	755 722	646 009	—	926 245	3 248 832
2011	1 062 876	—	821 453	851 822	—	1 207 033	3 943 184
2012	183 988	33 824	116 495	123 183	46 881	259 067	763 438
2013	144 343	31 000	131 753	135 549	53 184	205 423	701 252
2014	1 803 375	637 741	1 267 646	1 699 539	631 980	1 294 754	7 335 035
2015	161 204	53 879	130 101	162 775	72 956	129 818	710 733
2016	157 208	52 759	128 953	168 586	83 774	111 473	702 753

数据来源：中国环境统计年鉴。

由表 2-13 可以看出，2007—2016 年，全国农村园林绿化及环境卫生状况逐年完善。绿化覆盖面积、绿地面积、公园绿地面积、生活垃圾中转站数量、环卫专用车辆设备数量、公共厕所的数量均呈波折上涨的趋势，有些年份虽然略有下降，但总体呈上涨趋势，其中变化较大的是公园绿地面积、生活垃圾中转站和环卫专用车辆设备数量，农村环境在生活垃圾处理和公园建设方面成效较为显著。

表 2-13 2007—2016 年全国农村园林绿化及环境卫生

年份	绿化覆盖 面积/hm²	绿地面积/ hm²	公园绿地面积/ hm²	生活垃圾中 转站数量/座	环卫专用车辆 设备数量/辆	公共厕所 数量/座
2007	74 700	32 409	234.24	4 625	10 360	27 584
2008	83 921	33 043	395.98	4 757	13 003	33 373
2009	86 658	33 734	2 968.59	7 508	13 373	29 612
2010	95 905	36 728	3 063	7 982	14 490	27 467
2011	93 454	36 698	3 047	8 473	15 293	25 797
2012	95 478	37 519	3 214	10 655	18 495	30 800
2013	93 734	38 798	3 562	15 045	25 561	39 380
2014	93 738	39 730	3 427	11 568	23 652	31 891
2015	95 234	40 884	3 403	10 536	24 149	30 402
2016	92 449	39 771	3 332.86	9 678	25 020	29 934

数据来源：中国环境统计年鉴。

由表 2-14 可以看出，污水处理厂的数量从 2007 年的 39 个上涨到 2016 年的 441 个，污水处理装置从 1 017 个上涨到了 2 093 个，说明农村的污水处理设施日益增长，但是仍然可以看出，在全国农村范围内，目前的污水处理设施数量较少，仍有许多农村没有污水处理设施。

表 2-14 2007—2016 年全国农村排水和污水处理

年份	污水处理 厂数量/个	污水处理厂 处理能力/ （万 m³/d）	污水处理 装置数量/ 个	污水处理 装置处理能力/ （万 m³/d）	排水管道 长度/km	排水暗渠 长度/km
2007	39	7.41	1 017	5.42	10 882	7 644
2008	65	10.80	1 863	9.10	12 436	15 061
2009	90	15.53	1 023	7.15	13 523	9 284
2010	123	7.38	1 219	10.58	13 907	9 526
2011	123	17.98	1 003	9.84	13 845	9 321
2012	276	49.70	1 264	15.49	15 134	10 151
2013	220	54.12	765	19.00	15 624	10 696
2014	389	28.69	1 225	25.48	16 484	11 216

年份	污水处理厂数量/个	污水处理厂处理能力/（万 m³/d）	污水处理装置数量/个	污水处理装置处理能力/（万 m³/d）	排水管道长度/km	排水暗渠长度/km
2015	361	19.30	1 701	33.46	17 383	11 858
2016	441	25.70	2 093	38.11	17 912.38	12 512.72

数据来源：中国环境统计年鉴。

　　一些学者对目前我国的农村环境治理模式提出了新的设想。张国磊等（2017）认为以政府动员为主的传统农村环境治理方式已难以调解地方经济发展和环境保护之间的矛盾，动员主体单一、动员方式简化和社会自觉不足等因素导致政府动员陷入政策执行地方化、可持续性弱化和政令信息扭曲等困境。因此，基层政府应通过差序治理与协同共治、督查问责与购买服务、社会自觉与培育主体相结合的方式加快农村环境治理政社互动格局的构建，进而规避政府动员失灵的困境。吴惟予、肖萍（2015）认为当前农村监管主体长期缺失、自治组织松散、管控手段有限，这些带来了环境污染不断加重、自然资源过度开发、生态环境持续恶化等一系列 "环境混乱" 现象。环境契约管理作为一种新型社会治理手段，有益于破解当前农村面临的环境治理无序化困局。张俊哲、王春荣（2012）认为由于中国农村社会的特殊性，农村环境治理急需建立政府、市场、村民多方参与、良性互动的多元主体共治模式，这就需要社会资本发挥作用。社会资本通过规范、关系网络和信任机制的共同作用实现社会整合，促进社会参与和社会合作，从而弥补传统治理模式的真空，提升农村环境治理绩效。所以应当重视和发挥社会资本在农村环境治理中的功能，创新农村环境治理模式。

3

农村环境治理公众参与现状

3.1 数据来源与基本概况

通过课题组成员的实地调研获得一手资料,运用数量统计方法进行统计分析。调研地点涉及福建省、安徽省、陕西省的 10 个地级市的 103 个行政村。福建、安徽、陕西均为较早开展农村环境连片整治的省份,对这三地的农村生活垃圾情况进行调查,可以掌握目前农村环境治理的基本效果,为今后的政策实施提供借鉴。此外,福建、安徽、陕西的地理位置分布可以代表东部、中部、西部,具有一定的代表性。

根据课题的研究目的,在每个省份随机选取 2~5 个城市,根据政府部门提供的官方数据,在每个城市中随机选取 1~2 个有农村环境连片整治或农村环境综合整治项目的县或区,在每个县或区选取 1~7 个乡镇或街道,每个乡镇随机选取 1~6 个行政村,每个行政村随机选取 1~6 个农民进行面对面的问卷调查。调查的数据以 2013 年为节点,包括 2013 年以前及现阶段的情况。之所以选择 2013 年为时间节点,原因有两点:一是文中考察的互动效应的产生需要一个时间阶段,尤其生活垃圾处理这样一种习惯性行为,需要时间逐渐改变;二是 2013 年为第一批农村环境连片整治项目的完成时间,以此为时间节点可以一定程度上考量第一批农村环境连片整治项目的实施效果。调研方式为田野调查,调查内容包括农民家庭基本情况、农民生活垃圾处理情况、农民主观认知情况、农民环境保护意愿及农村社会资本情况等,其中农民生活垃圾处理部分包含两个阶段,即 2013 年以前(记为 T1)和现阶段(记为 T2)农民的生活垃圾处理情况。该调查共发放 618 份问卷,剔除无效问卷后,共获得有效问卷 529 份。具体样本分布情况如表 3-1 所示。

表 3-1　各地区样本分布

省	市	县、区（县级市）	街道、镇、乡	样本数量/份
福建	福州	闽清县	坂东镇、上莲乡、池园镇、梅溪镇	44
	宁德	古田县	大桥镇、水口镇、鹤塘镇、黄田镇	42
	三明	沙县	凤岗街道、富口镇、高砂镇、青州镇、夏茂镇	93
	南平	延平区	塔前镇、西芹镇	20
		武夷山市	洋庄乡、星村镇	39
	龙岩	新罗区	小池镇、龙门镇	30
		永定区	湖坑镇、下洋镇	30
安徽	合肥	长丰县	岗集镇	25
		肥东县	长临河镇、桥头集镇	24
	阜阳	阜南县	地城镇、王家坝镇	24
		界首市	光武镇	26
陕西	西安	临潼区	新丰街道、代王街道	36
	延安	宝塔区	柳林镇、甘谷驿镇	48
	榆林	靖边县	红墩界镇、龙州镇	48

对样本进行统计分析，其基本情况如表 3-2 所示。从性别来看，调查样本男性占比为 52.20%，女性占比为 47.80%，男性比例略高于女性比例，符合当前农村地区的实际情况；从婚姻状况来看，调查对象当中已婚人数占比为 95.22%；从年龄层面来看，年龄越大，调查对象的占比越高，其中 60 岁以上的人群占比最高（42.45%）。在广大农村地区，大部分中青年外出打工，村内只剩留守儿童与老人，所以调查对象当中超过 40% 都是老年人；调查对象当中 92.93% 不是村干部，村干部所占比例仅有 7.07%；党员所占比例仅有 9.75%，可见当前农村地区的党员数量仍然较少；从受教育程度来看，大部分调查对象的受教育程度集中在小学及初中，占比最高的为小学文化（35.76%），其次为初中（34.80%），再次为文盲（18.93%），高中及以上文化水平仅占 10.51%。结合调查对象的年龄分布可知，大部分的调查对象为老年人，受教育水平普遍较低，所以教育程度多集中在初中及以下。

表 3-2 样本基本情况

项目		频数/人	百分比/%	项目		频数/人	百分比/%
性别	男	273	52.20	村干部	是	37	7.07
	女	250	47.80		否	486	92.93
婚姻	已婚	498	95.22	政治面貌	党员	51	9.75
	未婚	25	4.78		群众	472	90.25
年龄	20 岁以下	4	0.78	受教育程度	文盲	99	18.93
	20≤年龄<30	25	4.78		小学	187	35.76
	30≤年龄<40	40	7.65		初中	182	34.80
	40≤年龄<50	79	15.11		高中	35	6.69
	50≤年龄≤60	153	29.25		大学及以上	20	3.82
	60 岁以上	222	42.45				

3.2 公众参与农村环境治理政策与实践

3.2.1 环境治理公众参与的相关法律

《宪法》是中华人民共和国的根本大法，拥有最高法律效力。《宪法》第二条规定："中华人民共和国的一切权力属于人民。人民行使国家权力的机关是全国人民代表大会和地方各级人民代表大会。人民依照法律规定，通过各种途径和形式，管理国家事务，管理经济和文化事务，管理社会事务。"从而将人民政治参与的主体地位以根本大法的形式确立下来（傅慧芳，2010）。涉及农村环境治理公众参与的法律法规主要有《中华人民共和国立法法》《中华人民共和国环境保护法》《国务院关于环境保护若干问题的决定》《中华人民共和国环境影响评价法》和《环境保护公众参与办法》等（表 3-3）。2006 年发布的《环境影响评价公众参与暂行办法》是中国环保领域的第一部公众参与的规范性文件，也是中国国务院各部门中第一部具体规定公众参与公共事务的部门规章。《中华人民共和国环境保护法》提出环境保护要坚持公众参与原则，并对信息公开和公众参与做了相关规定，提出应当依法公开环境信息，而未公开的对直接负责的主管人员和其他直接责任人员给予记过、记大过或者降级处分，造成严重后果的，给予撤职或者开除处分，其主要负责人应当引咎辞职；但是在公众参与方面并没有明确规定，容易导致管理人员为了避免麻烦直接略过公众参与。《中华人民共和国环境影响评价法》鼓励有关单位、专家和公众以适当方式参与环境影响评价，编制机关对可能造成不良环境影响并直接涉及公众环境权益的规划，应当在该规划草案报送审批前举行论证会、听证会或者采取其他形式，征求有关单位、专家和公众对环境影响报告书草案的意见，但是并未明确如何执行与考核，特别是信息如何公开、公开的内容等相关规定十分粗放。

表 3-3 环境治理公众参与相关法律法规

序号	法律法规	颁布时间	颁发部门	相关内容
1	《环境影响评价公众参与暂行办法》	2006 年 2 月 14 日	国家环境保护总局	中国环保领域的第一部公众参与的规范性文件
2	《环境保护公众参与办法》	2015 年 7 月 13 日	环境保护部	保障公民、法人和其他组织获取环境信息、参与和监督环境保护的权利，畅通参与渠道，促进环境保护公众参与依法有序开展
3	《关于加快推进生态文明建设的意见》	2015 年 4 月 25 日	中共中央、国务院	鼓励公众积极参与。完善公众参与制度，及时准确披露各类环境信息，扩大公开范围，保障公众知情权，维护公众环境权益
4	《中华人民共和国立法法》	2015 年 3 月 15 日	全国人民代表大会	行政法规在起草过程中，应当广泛听取有关机关、组织、人民代表大会代表和社会公众的意见。听取意见可以采取座谈会、论证会、听证会等多种形式
5	《中华人民共和国环境保护法》	2014 年 4 月 24 日	全国人民代表大会	环境保护坚持公众参与的原则。第五章对信息公开和公众参与做了规定
6	《关于推进环境保护公众参与的指导意见》	2014 年 5 月 22 日	环境保护部办公厅	界定了环境保护公众参与的定义，阐述了公众参与环境保护的作用和意义
7	《关于培育引导环保社会组织有序发展的指导意见》	2010 年 12 月 10 日	环境保护部	界定了环保社会组织的定义，阐述了培育引导环保社会组织的意义、目标、基本原则和对策

序号	法律法规	颁布时间	颁发部门	相关内容
8	《环境保护行政许可听证暂行办法》	2004 年 6 月 23 日	国家环境保护总局	环境保护行政主管部门组织听证，应当遵循公开、公平、公正和便民的原则，充分听取公民、法人和其他组织的意见，保证其陈述意见、质证和申辩的权利
9	《中华人民共和国环境影响评价法》	2002 年 10 月 28 日	全国人民代表大会	国家鼓励有关单位、专家和公众以适当方式参与环境影响评价

3.2.2 实践方面：不是真正意义的公众参与

1969 年，谢里·安斯坦（1969）在其《公众参与的阶梯》中提出了公共参与阶梯理论，该理论根据公众参与类型模式将公众参与分成了 3 个阶段（无公众参与、象征主义、公众权利）、8 个阶梯。按公众参与的程度，8 个阶梯分别为操纵、引导、告知、咨询、劝解、合作、授权、公众控制，其中操纵、引导属于无公众参与阶段；告知、咨询、劝解属于象征主义阶段，合作、授权、公众控制属于公众权利阶段。

参与阶梯反映的公众参与情况调查结果显示（表 3-4），86.7% 的村民表示没有参加过环境治理工作；53.3% 的村民表示不知道村子里相关的环境治理项目（课题组选择的村子均有至少 1 项环境治理项目）；遇到破坏水环境的行为，38.2% 的村民表示不会举报，不举报的原因主要是怕破坏邻里乡亲和睦相处和认为政府会处理；仅有 12.4% 的村民回答比较方便或非常方便获知农村环境的相关信息；14.7% 的村民表示在环境治理项目确定前，政府及相关部门有征求过村民的意见，征询方式主要为村委会讨论，政府组织的座谈会，公示、电话、网络等；5.3% 的村民表示目前村中有因为水环境治理或者其他方面环境治理进行过收费；33.8% 的村民表示不会参与农村环境治理；对于把农村水环境管理外包给专业的水环境管理企业，37.3% 的村民认为可行，33.3% 的村民认为不可行；如果有村民民主选举成立各村水环境管理组织，村自筹资金，对本村环境进行治理，64.2% 的村民认为可行。

表 3-4 公众参与农村环境治理的阶段

序号	3 个阶段	8 个阶梯	题目	比例
1	无公众参与	操纵	环境相关工程公众意见征询	2.2%表示参加过
			污水处理厂、垃圾处理厂等环境项目选点公众意见征询	0.4%表示参加过
			有关水环境治理的座谈会、听证会和问卷调查	0.9%表示参加过
			向"12369"等热线或政府、村委会反映过有关水环境的意见建议或投诉	5.7%表示参加过
			向新闻媒体（包括政府网站）反映过有关水环境的意见建议或投诉	0.9%表示参加过
			担任过环境管理监督员或志愿者	1.3%表示参加过
			没有参加过环境治理工作	86.7%表示没有参加过
2	无公众参与	引导	是否知道村子为××项目示范片或项目试点	53.3%表示不知道
			遇到破坏水环境的行为（不包括直接受害者的环境维权行动），是否会举报	38.2%表示不会举报，不举报的原因主要是怕破坏邻里乡亲和睦相处和认为政府会处理
3	象征主义	告知	能否方便获知农村环境的相关信息（项目、法律、政策、办事流程等）	58.7%回答不方便或不太方便；21.3%表示一般；仅有 12.4%回答比较方便或非常方便
4	象征主义	咨询	在环境治理项目确定前，政府及相关部门是否征求过村民的意见	14.7%表示有；征询方式主要为村委会讨论，政府组织的座谈会，公示、电话、网络等
5	象征主义	劝解	目前村中是否因为水环境治理或者其他方面环境治理进行过收费	5.3%给予肯定答案
6	公众权利	合作	通过何种途径参与农村环境治理	33.8%表示不会参与；5.8%选择新闻媒体；4.4%选择"12369"等热线；35.6%选择村委会、志愿者组织等组织；2.2%选择政府组织听证会；4.4%选择相关部门意见征询

序号	3个阶段	8个阶梯	题目	比例
7	公众权利	授权	农村水环境管理外包给专业的水环境管理企业，您觉得可行吗？	37.3%认为可行；33.3%认为不可行；29.4%表示不清楚
			对民间环保团体或相关公益环保志愿者活动的态度	33.8%表示没见过或者不知道
8	公众权利	公众控制	如果有村民民主选举成立各村水环境管理组织，村自筹资金，对本村环境进行治理，您觉得可行吗？	44.2%表示可行且愿意参与；20%表示可行但不参与；18.2%表示不可行；17.6%表示不知道

3.2.2.1　公众方面

农村居民在农村环境治理与保护方面的知识还是很欠缺的，而且缺乏主动保护农村环境的意识，也缺乏这方面的教育与培训，整体素质均有待提高。农民是农村生态环境破坏的直接承受者和治理的直接受益人，公众参与的广度和深度很大程度上决定着农村生态环境治理的水平。随着我国农村居民受教育程度的不断提高以及经济的不断发展，农村居民的环境保护意识与民主意识也逐渐增强，他们会积极主动参与到农村环境的保护当中，在解决农村环境问题的过程中，也会积极主动地参与解决方案的拟定、实施，民主意识与参与意识均得到了很大提高，但是与欧美国家（地区）的居民相比，我国农村居民在提高环境保护意识与民主（主体）意识、参与意识的道路上还有很长的路要走。

与此同时，农村环境污染治理农民参与意愿强。随着农村经济的发展，农民收入的提高，农民对农村环境的需求不断提高，然而近年来不断恶化的农村环境无法满足农民的需求。根据调查结果，90.24%的农民表示对农村环境服务有需求，其中59.76%的农民愿意支付成本，平均愿意支付121.02元/a。针对当前农村环境服务供给情况，65.85%的农民认为少、很少，甚至没有，认为较多或很多的仅有12.2%（黄森慰，2017）。完全依靠政府进行农村环境污染整治与建设服务型政府并不一致，同时政府财力也无力支持广袤的农村地区进行环境污染治理，扩大农村治理主体范围，提高农村环境污染整治农民参与度，拓宽治理投入资源来源渠道成为必然。

3.2.2.2 政府方面

地方政府在农村环境治理中扮演着"代理型政府"与"谋利型政府"的双重角色。而政府这种谋利型政权经营者的角色已经使政府的职能发生了扭曲，这不仅给当地的生态环境带来许多不确定的风险因素，也给当地的经济发展和社会文化变迁带来很多盲目性。很多地方政府在农村环境治理的过程当中，偏向于维护自身利益，从而没有平衡好农村环境治理各方主体的利益，有些地方政府甚至挪用农村环境治理资金，基于自身利益阻碍农村环境治理工程建设。

地方政府在农村环境治理中不同程度地存在职能缺位、错位，如环境治理体制条块分割，综合整治合力难成，压力型体制下政绩冲动持续存在，公共环境利益价值观严重销蚀，环境法治建设滞后，依法治理能力不足等。要解决这些问题，必须完善和转变政府职能，使之承担元治理的主体角色，进一步创新农村环境治理体制机制，构建多元互动参与治理新格局；必须健全基层政府环保政绩考核制度，统筹农村经济社会发展与环境治理；必须完善农村环境治理法律法规，推进依法治理新举措。目前政府在农村环境治理方面倾向于自上而下，没有充分发挥社区和社会单位的参与力量，还没有完全构建地方政府及其他行动主体的协同治理模式，没有形成中央与地方协作、政府与企业及个人共同参与的农村环境治理的新局面。

3.3 农村居民环境治理参与现状统计分析

在《公众参与的阶梯》一文中，谢里·安斯坦将公众参与按层次由高至低划分为 3 个阶段与 8 个阶梯。在参考该文与相关文章的基础上，本研究将农民参与行为按照参与程度划分为 3 个阶段，即私人领域参与、公共领域被动参与和公共领域主动参与（以下简称被动参与和主动参与），具体分类情况如表 3-5 所示。其中，私人领域参与主要包括日常垃圾分类处理行为与生活中关注环境信息行为。事实上，任何有利于环境保护的行为都属于参与环境治理的行为，但是在此阶段，农民参与的行为主要局限于私人生活环境，并不与公共生活发生较多的关系。第二阶段为被动参与，主要包括响应政府、相关环保团体举办的环保活动及参与环境意见征询等行为。相较上一阶段，不难看出，农民的参与行为与公共生活有了更多的关联，但是需要注意的是，这种参与行为并非农民主动发起的，而是政府或其他相关活动主体发起后农民有意识地参与，仍属于较为被动的参与。最后一个阶段，即主动参与阶段，主要包括向政府、村委会反映问题，就环境问题主动提出建议，积极组织村民自发开展环境卫生治理等活动。不难发现，在此阶段，农村居民皆为主动的活动发起者，因此属于主动参与行为，参与程度更高。

参考 2013 年中国综合社会调查（CGSS）的设计方式，将农民参与行为分为从不、偶尔与经常 3 个程度，其中，"从不"赋值为 1，"偶尔"赋值为 2，"经常"赋值为 3。对农村居民的参与行为进行统计分析，分析结果如表 3-5 所示。可以看出，各参与行为的均值均小于 2，意味着居民参与还未达到平均水平。通过对各行为加总判断其总体参与水平，发现其得分低于平均水平（14 分），说明农村居民的参与行为总体仍处于较低阶段。此外，随着参与阶段的提升，农村居民参与的均值逐渐降低，这意味着农村居民参与程度较低，目前农村居民参与环境治理水平低、参与层次低。

表 3-5　农民参与行为现状

农民参与行为		从不/%	偶尔/%	经常/%	均值
私人领域参与	垃圾处理行为	46.31	26.17	27.52	1.812
	生活中关注环境信息	39.93	45.64	14.43	1.744
被动参与	积极响应政府、其他团队举办的环保活动	56.38	30.87	12.75	1.567
	环境意见征询	71.48	26.84	1.68	1.302
主动参与	向政府、村委会反映问题或投诉	76.17	19.13	4.70	1.285
	就环境问题主动提建议	76.51	20.13	3.36	1.268
	组织村民自发开展环境卫生治理	76.85	18.45	4.70	1.278

此外，在进行调查过程中，对农民的参与意愿也进行了调查。具体问题及统计结果如表 3-6 所示。对于各项参与环境治理的行为，农村居民均表现出较高的参与意愿（均超过 50%）。此外，对农村居民的责任认知进行测量，89.26%的农村居民认为每个人都有保护农村环境的权利与义务。但是通过对比表 3-5 与表 3-6

可以发现，农民表现出较高的参与意愿与较低的参与水平。

表 3-6　农民参与意愿

单位：%

项目	是
是否愿意进行垃圾治理	73.49
是否愿意制止别人破坏环境	59.06
是否愿意提出意见	57.05
是否愿意参与环保宣传活动	62.08
是否愿意参与环境保护组织	62.42

综上可知，目前农村环境治理中，农村居民参与行为表现出以下几个特征：

第一，农村居民整体参与水平较低。在不考虑具体参与行为的差别的情况下，农村居民均表现出较低的参与水平。

第二，农村居民参与程度较低。依据国外公众参与阶梯理论与调研实际，对农村居民参与阶段进行划分，具体划分为私人领域参与、被动参与和主动参与 3 个阶段。随着参与阶段的提升，参与程度降低。

第三，农村居民表现出较强的意识性参与与较弱的实际参与情况。依据调查统计，农村居民表现出较高的参与意愿，尤其是当问及"是否愿意参与农村环境治理"时，66.44%的农村居民表示愿意参与，同时也表现出农村居民具有较强的参与意识。但是就实际参与情况而言，农村居民的参与水平远低于平均水平。在环境治理过程中，农村居民参与意愿与实际参与行为表现出倒挂的现象。

接下来，对不同个体特征下的居民参与情况进行简单的分析。首先，将各行为加总，得到居民参与行为总分并进行交叉分析。从性别角度而言，男性的参与率略高于女性。表中所列的环境参与行为较多涉及公共事务的参与，男性高于女性一定程度上符合我国"男主外，女主内"的传统思维。其次，从年龄分组来看，40 岁以下居民的参与行为得分最高，而 60 岁以上居民的参与行为得分最低。相对于老年人而言，年轻人更有精力、更有积极性参与环境治理。在此得出的政策启示为，环境治理过程中要发挥年轻农村居民的能力，吸引并留住年轻人才参与农村建设。从受教育程度而言，随着学历水平的提升，参与情况呈倒"U"形。首先，小学教育程度居民得分最低，初中最高，高中次之，大学及以上教育程度的居民略低于高中分组。这说明受教育程度对参与行为仍然存在着一定的影响。但是呈现倒"U"形表示受教育年限到达一定程度即高中后，农村居民的参与水平进一步降低。原因可能是随着受教育程度的提升，农村居民更愿意外出寻求发展机会，不愿意留在农村参与建设。从村干部与党员身份来看，村干部、党员参与行为得分明显高于非村干部与非党员。干部与党员具有先进性。在此需要说明的是，身份的差异并不代表人格上存在差距。一方面，近年来随着对环境问题的日益关注，党和政府都加强了对党员和干部的要求，要求其身体力行，发挥带头作用；另一方面，由于党员与村干部的选拔机制，党员与干部相对而言具有更多的信息以充分参与到环境治理当中。因此，在促进农村居民参与环境治理过程中，要注重发挥党员、干部的模范带头作用，通过落实责任制等方式充分发挥其模范带头作用。

虽然通过交叉分析对个体特征下的参与行为差异进行了简要分析，但并不能说明个体特征一定对居民参与行为存在影响，仍有待进一步探讨。

3.4 农民生活垃圾处理意愿现状分析

3.4.1 生活垃圾处理意愿统计

参考已有文献，结合调研数据可得性，选取调研问卷中"是否愿意对生活垃圾进行分类""是否愿意遵守涉及环境保护的村规民约""是否愿意参与农村环境治理"这 3 个指标代表农民对于生活垃圾处理的意愿。具体回答包括是和否两个答案，其中是为 1，否为 0。表 3-7 为调查区域农民对于生活垃圾处理意愿的统计。

表 3-7　农民生活垃圾处理意愿统计　　　　　　　　　单位：%

项目	是	否
是否愿意对生活垃圾进行分类	76.67	23.33
是否愿意遵守涉及环境保护的村规民约	72.28	27.72
是否愿意参与农村环境治理	65.97	34.03

由表 3-7 可以得到农民对于生活垃圾处理的意愿情况。其中愿意对生活垃圾进行分类的占比为 76.67%，愿意遵守涉及环境保护的村规民约的占比为 72.28%，愿意参与农村环境治理的占比为 65.97%。这 3 个指标的百分比均超过了 60%，说明调研地区的大部分农民愿意参与生活垃圾处理。

除此之外，我们还观察到，愿意对生活垃圾进行分类的占比最高，其次为愿意遵守涉及环境保护的村规民约，占比最低的为愿意参与农村环境治理。根据这一比例的排序可以得出，农民参与意愿最高的项目相对具体，而参与意愿最低的项目界定相对模糊。这说明对于界定较为具体、清晰的项目，农民参与意愿较高，而对于界定相对模糊、广泛的项目，农民参与意愿较低。这也从侧面说明了大部分农民对于农村环境治理的理解不够全面，甚至存在理解偏差。在调研过程中，我们发现在提及"农村环境治理"这一词语时，很多农民并不理解，需要调研人员做出较为通俗的解释农民才能理解。可见当前的农村地区缺乏环境知识宣传，农民的环境意识较为薄弱，应当着重加强农村地区的环境知识教育建设。

3.4.2　生活垃圾处理意愿交叉分析

为详细了解农民个体特征是否会对其生活垃圾处理的意愿造成影响及影响程度的大小，本书选取性别、婚姻状况、是否为村干部、政治面貌、受教育程度、年龄、家庭成员数量、健康状况与在家居住时长 9 个指标表征农民的个体特征，生活垃圾处理意愿的指标选取沿用 3.4.1 节选取的"是否愿意对生活垃圾进行分类""是否愿意遵守涉及环境保护的村规民约""是否愿意参与农村环境治理"这 3 个指标，并在此基础上进一步处理，若愿意参与的项目超过以上任意 2 项，则计为高参与意愿，若愿意参与的项目小于或等于 1 项，则计为低参与意愿。运用 SPSS20.0 对其进行交叉分析，表 3-8 为进行交叉分析后的结果。

由表 3-8 可知，婚姻状况、是否为村干部、政治面貌、受教育程度、家庭成员数量这 5 个个体特征变量对农民生活垃圾处理意愿具有显著影响，而其他个体特征变量对农民生活垃圾处理意愿没有显著影响。

表 3-8 农民个体特征与生活垃圾处理意愿交叉分析结果

变量	分类	生活垃圾处理意愿		卡方值	P 值
		低参与意愿/%	高参与意愿/%		
性别	男	23.30	76.70	0.322	0.570
	女	25.40	74.60		
婚姻状况	已婚	23.30	76.70	4.835	0.028
	未婚	42.30	57.70		
是否为村干部	村干部	8.10	91.90	5.666	0.017
	普通村民	25.50	74.50		
政治面貌	党员	7.80	92.20	8.307	0.004
	群众	26.10	73.90		
受教育程度	小学及以下	28.90	71.10	6.909	0.075
	初中	19.60	80.40		
	高中	16.70	83.30		
	大学及以上	19.20	80.80		
年龄/岁	20 以下	0.00	100.00	3.800	0.579
	20≤年龄<30	20.00	80.00		
	30≤年龄<40	26.80	73.20		
	40≤年龄<50	17.70	82.30		
	50≤年龄<60	24.00	76.00		
	60 以上	27.00	73.00		
家庭成员数量/人	2 及以下	35.30	64.70	8.541	0.074
	2<数量≤4	25.20	74.80		
	4<数量≤6	22.40	77.60		
	6<数量≤8	23.50	76.50		
	8 以上	9.70	90.30		
健康状况	非常差	50.00	50.00	7.106	0.130
	比较差	27.50	72.50		
	一般	30.40	69.60		
	比较好	21.10	78.90		
	非常好	21.50	78.50		

变量	分类	生活垃圾处理意愿		卡方值	P 值
		低参与意愿/%	高参与意愿/%		
在家居住时长	3 个月及以下	33.30	66.70	2.076	0.557
	3～6 个月	17.60	82.40		
	6～9 个月	10.00	90.00		
	9～12 个月	24.60	75.40		

由交叉分析的结果可以得出，婚姻状况在 5%置信水平下对农民的生活垃圾处理意愿具有显著影响。已婚人群的参与意愿比未婚人群的参与意愿高，已婚人群中的高参与意愿占比为 76.70%，而未婚人群的高参与意愿占比为 57.70%，因为婚姻状况会影响人的家庭责任感，已婚人群的家庭责任感相对较强，为了家庭环境的干净整洁，已婚人群更愿意参与生活垃圾的处理。是否为村干部在 5%置信水平下对农民的生活垃圾处理意愿具有显著影响。村干部的高参与意愿占比为 91.90%，普通村民的高参与意愿为 74.50%，说明村干部与普通村民对于生活垃圾处理意愿的差距较大。村干部的思想政治意识相对较强，环境知识及环境意识水平相比普通村民更高，因此村干部的生活垃圾处理意愿更为强烈。政治面貌在 1%置信水平下对农民的生活垃圾处理意愿具有显著影响。党员的高参与意愿占比为 92.20%，普通群众的高参与意愿占比为 73.90%，这与是否为村干部的解释相似，党员的思想意识与政治素养相对较高，环境意识相对较强，因此其对生活垃圾参与的意愿比普通群众更高。受教育程度在 10%置信水平下对农民的生活垃圾处理意愿具有显著影响。观察高参与意愿在受教育程度中的分布结构，可以发现高参与意愿的比例随着受教育程度的升高呈上升趋势，受教育程度越高，人的接受能力及环境知识水平也会越高，更能深刻理解规范处理生活垃圾的意义，因此也更愿意参与生活垃圾处理。家庭成员数量在 10%置信水平下对农民的生活垃圾处理意愿具有显著影响。家庭成员数量在 2～8 人的农民对于生活垃圾处理参与意愿都处于较高水平，家庭成员数量超过 8 人的家庭，高参与意愿占比为 90.30%，这并不能说明家庭成员数量越多，农民对于生活垃圾处理的参与意愿越强，受调查数量的影响，调查对象中，家庭成员数量超过 8 人的家庭较少，并不能代表所有家庭成员数量较多的家庭。

男性以及女性的生活垃圾处理意愿分布结构大体保持一致，高参与意愿占比均在 70%以上。由参与意愿在年龄中的分布结构可以观察到，处于 20～50 岁的人群参与意愿较高，并且随着年龄的增长，高参与意愿的占比呈下降趋势。观察参与意愿在身体健康状况中的分布结构，可以发现高参与意愿主要集中在健康状况处于一般及非常好之间的人群中。在家居住时长越长，高参与意愿占比也会越高。由于在家居住 6～9 个月的调查对象数量较少，所以在家居住 6～9 个月的高参与意愿比例并不具有说服力，但还是可以观察到随着在家居住时长的增加，高参与意愿的占比是呈上升趋势的。

3.5 农民生活垃圾处理行为现状分析

3.5.1 生活垃圾处理行为统计

参考已有文献，结合数据可获得性，实地调研中选取厨余垃圾、农药瓶、废旧纸箱、废旧塑料瓶、废旧塑料袋为生活垃圾的调查范畴，处理方式包括随意丢弃、直接扔进垃圾桶、分类扔进垃圾桶、当作饲料、出售、焚烧和其他处理方式，直接扔进垃圾桶、分类扔进垃圾桶和出售为集中处理行为，其余处理方式为非集中处理行为。

表 3-9 展示了调研区域农民对厨余垃圾的处理行为统计。可以得到，直接扔进垃圾桶的处理行为占比最高（48.66%），其次为当作饲料（40.40%）。随意丢弃（3.79%）和分类扔进垃圾桶（4.46%）的占比较小。经调研计算得出，当前调研区域内农民厨余垃圾剩余量为 0.94 kg/（d·户）。当前农村地区的经济生活水平较之前有很大提升，诸多农民表示会将厨余垃圾直接扔掉，但仍有部分农民保持了养殖习惯。因此，部分农民会将厨余垃圾用作饲料。

表 3-9 厨余垃圾处理行为统计   单位：%

处理方式	百分比
随意丢弃	3.79
直接扔进垃圾桶	48.66

处理方式	百分比
分类扔进垃圾桶	4.46
当作饲料	40.40
其他	2.69

表 3-10 展示了调研区域农民对农药瓶的处理行为统计。随意丢弃行为占比将近一半（46.67%），直接扔进垃圾桶行为的占比为 38.89%，分类扔进垃圾桶的仅占 5.19%，选择出售的占比为 3.70%。农药瓶是可回收有毒有害垃圾，但是却有将近一半的农民将其随意丢弃，可见当前农民的环境保护意识以及垃圾分类意识还较为薄弱。另外，在调研过程中发现，尽管许多村庄有垃圾桶，但却并未明确区分可回收垃圾桶与不可回收垃圾桶，这一基础设施的欠缺也是导致农民未分类处理垃圾的客观因素，可见当前农村地区的生活垃圾处理基础设施亟待完善。

表 3-10 农药瓶处理行为统计 单位：%

处理方式	百分比
随意丢弃	46.67
直接扔进垃圾桶	38.89
分类扔进垃圾桶	5.19
出售	3.70
其他	5.55

图 3-1 展示了农民对废旧塑料瓶及废旧纸箱的处理行为统计。显而易见，出售行为在各类处理方式中占比最高，废旧塑料瓶出售行为占比为 68.35%，废旧纸箱出售行为占比为 78.09%，废旧塑料瓶与废旧纸箱均为可以换取经济利益的可回收垃圾，可见经济利益是农民对生活垃圾实施集中处理行为的根本动力。占比第二高的是直接扔进垃圾桶，废旧塑料瓶直接扔进垃圾桶的占比为 22.71%，废旧纸箱直接扔进垃圾桶的占比为 13.29%。其他处理方式均占比较小，废旧塑料瓶与废旧纸箱随意丢弃的比例均在 3%以下，焚烧的比例均在 5%以下，而分类扔进垃圾桶的比例均在 2%以下。随意丢弃与焚烧的比例较低并不足以说明农民的环境意识有所提升，因为大部分的废旧塑料瓶及废旧纸箱都被出售，所以随意丢弃与焚烧

的比例较低。分类扔进垃圾桶的占比在各类处理方式中最低，这也印证了当前农民的环境意识仍然处于较为薄弱的阶段，关于生活垃圾的处理还没形成分类意识。

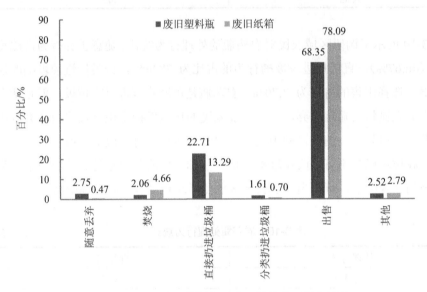

图 3-1　废旧塑料瓶及废旧纸箱处理行为统计

　　另外，还可以观察到，废旧纸箱的出售比例略高于废旧塑料瓶，废旧塑料瓶直接扔进垃圾桶的比例略高于废旧纸箱。这是因为相比废旧纸箱，废旧塑料瓶较为琐碎且不易收集，大多数废旧塑料瓶都是矿泉水及饮料瓶，农民很可能在喝完之后就随手扔进了垃圾桶而不会将其带回家中收集起来。这说明收集的便利性也是农民对生活垃圾进行集中处理的影响因素。

　　表 3-11 展示了废旧塑料袋的处理行为统计。可以得到，直接扔进垃圾桶的行为占比最高（46.78%），回收再利用占比为 39.50%，随意丢弃占比为 6.24%，焚烧（4.99%）及其他处理方式（2.49%）占比较小。废旧塑料袋也属于可回收生活垃圾，虽然不能换取经济收益但是可以回收再利用，如当作垃圾袋等，提供便利，降低处理垃圾成本，所以有不少农民会将其集中收集并再利用。

表 3-11 废旧塑料袋处理行为统计   单位：%

处理方式	百分比
随意丢弃	6.24
直接扔进垃圾桶	46.78
回收再利用	39.50
焚烧	4.99
其他	2.49

总体来看，农民对于生活垃圾的处理行为统计如表 3-12 所示。对于不可回收的厨余垃圾以及有害垃圾（农药瓶），将近一半的农民对其采取非集中处理；而对于可回收垃圾，如废旧塑料瓶、废旧纸箱、废旧塑料袋，大部分农民对其采取集中收集。根据这一结果我们发现，对于可以换取经济收益的生活垃圾，农民大多会对其进行集中处理来换取经济收益，而对于不可换取经济收益的生活垃圾，农民多不会进行集中处理。

表 3-12 生活垃圾处理行为统计   单位：%

处理行为	厨余垃圾	农药瓶	废旧塑料瓶	废旧纸箱	废旧塑料袋
非集中处理	47.92	53.26	19.88	8.55	13.72
集中处理	52.08	46.74	80.12	91.45	86.28

3.5.2 生活垃圾集中处理量

已有文献中，鲜少见到对于生活垃圾集中处理数量及重量的统计，多是关于生活垃圾处理行为。本研究的问卷设计中涉及厨余垃圾重量、农药瓶数量、废旧塑料瓶数量、废旧纸箱重量等，参考已有文献中的农药瓶平均重量（7.5 g）以及废旧塑料瓶重量（18 g）（冯成玉，2011；胡怡平，2010），最终计算出每个调查对象的人均生活垃圾年集中处理量。结果如表 3-13 所示。

表 3-13　人均生活垃圾年集中处理量

变量名称	样本数量/份	平均值	标准误差	最小值	最大值
T1 时期人均生活垃圾年集中处理量	523	41.669	145.443	0	1 507
T2 时期人均生活垃圾年集中处理量	523	111.956	262.670	0	3 779.26

　　由表 3-13 可以看出，T2 时期的人均生活垃圾年集中处理量均值相比 T1 时期有较大幅度的提升，且 T2 时期的人均生活垃圾年集中处理量的最大值相比 T1 时期大很多。同时表 3-13 中也体现了较大的标准误差，这说明不同农户之间的人均生活垃圾年集中处理量有较大的差异。

4

公众参与农村环境治理影响因素分析

　　与欧美等发达国家（地区）相比，中国农村居民对于农村环境保护的认知远远不够，他们除了缺乏对环境保护重要性应有的关注，也缺乏环境保护相应的知识教育和行为意识，而相关部门在环境保护中也因为长期致力于城市而忽略了农村的环保诉求，导致农村环保体制机制不尽完善，对此，相应主体如政府、村委会等应承担一定的责任，而农民素质也应该不断提升。幸得经过改革开放几十年的发展，农村经济与文化环境有了翻天覆地的变化，农村居民的素质也有了一定程度的增强，对环境与健康等问题更加重视，而农村居民能否不断增强民主权利意识，不断拓宽广度和深度参与到环境治理当中，在生活环境保护方面从自身做起的同时，积极参与相关环境项目的讨论、拟定、实施、监督、反馈等全过程，对村庄出现的各种环境问题积极建言献策和主动监督制约等，直接关系到农村生活环境治理的水平和成效。

4.1　变量选取与模型构建

　　在借鉴已有研究成果的基础上，以调研所获取的 298 份有效样本数据作为实践支撑，本研究中因变量的设置为：农民是否愿意参与农村生活环境治理，根据研究模型的选择要求，将非常不愿意、比较不愿意和一般设置为 0；将比较愿意和非常愿意设置为 1。在综合考虑所有相关因素的基础上从农民的个体特征、社会经济条件、主观认知、制度因素以及地域分布 5 个维度来设置自变量。个体特征主要包括农民的年龄、性别、健康状况、婚姻状况、受教育程度、是否为村干部和是否为党员；社会经济条件包括家庭总收入、经济状况在当地的水平、是否有人上门收购废品和是否有废品收购站；主观认知主要从环境权利认知、个人效能感认知、风险感知和责任认知 4 个层面设定变量；制度因素主要从宣传教育、资金使用公示情况、村规民约和地方环保政策 4 个维度考虑；地域分布主要根据区位将调研地分为沿海和内陆，具体变量设置如表 4-1 所示。

表 4-1 变量选取

	变量	变量定义	均值	标准差
被解释变量	农民参与农村环境治理的意愿 Y	0=非常不愿意、比较不愿意、一般；1=比较愿意、非常愿意	0.59	0.493
个体特征	年龄（周岁）X_1	连续变量	55.01	13.365
	性别 X_2	0=女；1=男	0.54	0.499
	健康状况 X_3	1=非常差；2=比较差；3=一般；4=比较好；5=非常好	3.72	0.966
	婚姻状况 X_4	0=未婚；1=已婚	0.95	0.226
	受教育程度（年）X_5	连续变量	6.28	3.802
	是否为村干部 X_6	0=否；1=是	0.09	0.293
	是否为党员 X_7	0=否；1=是	0.12	0.323
社会经济条件	家庭总收入（万元）X_8	连续变量	4.67	4.929
	家庭经济状况在当地的水平 X_9	1=低；2=中下；3=中等；4=中上；5=高	2.81	0.898
	是否有人上门收购废品 X_{10}	0=否；1=是	0.89	0.311
	是否有废品收购站 X_{11}	0=否；1=是	0.36	0.480
主观认知	我有知晓环境保护项目资金使用的权利 X_{12}	1=不同意；2=较不同意；3=一般；4=较同意；5=非常同意	2.91	1.393
	个人采取行为保护环境并没有什么作用 X_{13}	1=不同意；2=较不同意；3=一般；4=较同意；5=非常同意	2.83	1.458
	环境污染已经对我的生活产生严重影响 X_{14}	1=不同意；2=较不同意；3=一般；4=较同意；5=非常同意	2.14	1.326

	变量	变量定义	均值	标准差
主观认知	环境保护对农村的发展具有重要的意义 X_{15}	1=不同意；2=较不同意；3=一般；4=较同意；5=非常同意	4.34	1.025
	是否有必要开展 X_{16}	0=否；1=是	3.74	1.063
制度因素	政府或者村中是否开展环保宣传教育 X_{17}	0=否；1=是	0.33	0.471
	环境治理资金使用情况是否公开 X_{18}	0=否；1=是	0.43	0.496
	村规民约是否有环境保护方面的内容 X_{19}	0=否；1=是	0.50	0.501
	当地政府是否就环境保护出台政策 X_{20}	0=否；1=是	0.49	0.501
地域分布	地理位置 X_{21}	0=沿海；1=内陆	0.71	0.453

4.1.1　模型构建

根据二元 Logistic 模型的定义，在回归方程中，将因变量即农民是否愿意参与生活环境治理，记为 Y（0=否，1=是）；将自变量即个体特征、社会经济条件、主观认知、制度因素以及地域分布记为 X_1、X_2、X_3、…，则农民参与农村生活环境治理意愿的二元 Logistic 回归模型如下：

$$\text{Logit}（p）=\ln（p/1{-}p）=\beta_0+\beta_1 X_1+\beta_2 X_2+\cdots+\beta_m X_m \qquad （4\text{-}1）$$

式中，β_0 为常数；β_1，β_2，…，β_m 为函数系数；X_1，X_2，…，X_m 为自变量。

4.1.2　模型结果分析

运用 SPSS19.0 软件对上述变量数据进行运行，其结果如表 4-2 所示。表 4-2 为数据汇总表，有效个案数为 298，缺失值为 0，选取的所有样本值均是有效的。

表 4-2 案例处理汇总

未加权的案例		N	百分比/%
选定案例	包括在分析中	298	100.0
	缺失案例	0	0
	总计	298	100.0
未选定的案例		0	0
总计		298	100.0

4.1.2.1 回归方程的 Hosmer-Lemeshow 显著性检验

Hosmer-Lemeshow 检验的基本思路是，如果模型整体显著，则实际值为 1 的样本对应的预测概率相对较高，而实际值为 0 的样本对应的预测概率相对较低，SPSS 给出 Hosmer-Lemeshow 卡方统计量及相应的概率 P 值，通过比较 P 值和给定的显著性水平就可以判定回归方程是否整体显著。在模型设置正确且样本量大的情况下，这个统计量近似是一个 $\mathrm{d}f = 8$ 的卡方统计量，且从表 4-3 看，Sig.＞0.05。因此，该模型拟合优度较高，检验不显著。

表 4-3 Hosmer-Lemeshow 检验

步骤	卡方	$\mathrm{d}f$	Sig.
1	6.472	8	0.595

4.1.2.2 回归系数的显著性检验

在二元 Logistic 回归模型中，回归系数显著性检验不是通过 T 检验，而是构造 Wald 统计量进行检验，Wald 检验的原假设为 β_j 为 0，其表达式为

$$\mathrm{Wald}_i = \left(\frac{\beta_{j2}}{S_{\beta j}}\right) \tag{4-2}$$

SPSS 将自动计算 Wald 统计量及其对应的概率 P 值，通过比较第 j 个 Wald 统计量对应的 P 值和给定的显著性水平就可以判定第 j 个回归系数是否显著，当 P 值小于给定的显著性水平时，则认定第 j 个回归系数显著不为 0，否则，反之。由表 4-4 可知：步骤、块、模型的卡方值相同，Sig.＜0.05，模型显著。

表 4-4 模型系数的综合检验

		卡方	df	Sig.
	步骤	105.291	21	0.000
步骤 1	块	105.291	21	0.000
	模型	105.291	21	0.000

4.1.2.3 模型拟合优度评价

二元 Logistic 回归模型拟合优度评价的常用统计量是 Cox-Snell R^2 统计量和 Nagelkerke R^2 统计量。Cox-Snell R^2 统计量类似于一般线性模型中的 R^2 统计量，统计量越大代表模型的拟合优度越高。Nagelkerke R^2 统计量是 Cox-Snell R^2 统计量的修正，取值范围为 0~1，其值越接近 1 代表模型拟合优度越高，接近 0 则表示较低。其中，Cox-Snell R^2 统计量的定义为

$$\text{Cox-Snell } R^2 = 1 - \left(\frac{L_0}{L_1}\right)^{\frac{2}{N}} \tag{4-3}$$

Nagelkerke R^2 统计量的数学定义为

$$\text{Nagelkerke } R^2 = \frac{\text{Cox-Snell } R^2}{1 - L_0^{\frac{2}{N}}} \tag{4-4}$$

从表 4-5 中可知 Nagelkerke R^2 值为 0.702，模型拟合优度较高。

表 4-5 模型汇总

步骤	−2 对数似然值	Cox-Snell R^2	Nagelkerke R^2
1	297.637	0.498	0.702

4.2 实证结果及分析

4.2.1 模型估计结果

计量模型结果如表 4-6 所示。

表 4-6 计量模型结果

自变量	B	S.E	Wald	Sig.	exp（B）	exp（B）的95%C.I.	
						下限	上限
年龄（周岁）X_1	0.030	0.015	4.126	0.042**	1.031	1.001	1.061
性别 X_2	−0.010	0.309	0.001	0.975	0.990	0.540	1.815
身体健康 X_3	0.127	0.165	0.597	0.440	1.136	0.822	1.570
婚姻状况 X_4	0.291	0.655	0.198	0.656	1.338	0.371	4.828
受教育程度（年）X_5	0.116	0.045	6.730	0.009***	1.123	1.029	1.226
是否为村干部 X_6	1.359	0.853	2.539	0.111	3.892	0.731	20.708
是否为党员 X_7	2.155	0.880	5.999	0.014**	8.624	1.538	48.358
家庭总收入（万元）X_8	0.048	0.042	1.319	0.251	1.049	0.967	1.139
家庭经济状况在当地的水平 X_9	0.155	0.199	0.611	0.434	1.168	0.791	1.724
是否有人上门收购废品 X_{10}	−0.490	0.483	1.029	0.310	0.613	0.238	1.579
是否有废品收购站 X_{11}	0.430	0.338	1.618	0.203	1.537	0.793	2.980
我有知晓环境保护项目资金使用的权利 X_{12}	0.052	0.116	0.204	0.652	1.054	0.839	1.323
个人采取行为保护环境并没有什么作用 X_{13}	0.044	0.110	0.163	0.687	1.045	0.843	1.296
环境污染已经对我的生活产生严重影响 X_{14}	0.021	0.126	0.027	0.870	1.021	0.798	1.305
环境保护对农村的发展具有重要的意义 X_{15}	0.645	0.162	15.876	0.000***	1.906	1.388	2.617
是否有必要开展 X_{16}	0.602	0.150	16.196	0.000***	1.825	1.362	2.447

自变量	B	S.E	Wald	Sig.	exp（B）	exp（B）的95%C.I.	
						下限	上限
政府或者村中是否开展环保宣传教育 X_{17}	0.578	0.349	2.739	0.098*	1.782	0.899	3.534
环境治理资金使用情况是否公开 X_{18}	0.230	0.323	0.505	0.477	1.258	0.668	2.369
村规民约是否有环境保护方面的内容 X_{19}	−0.669	0.342	3.831	0.050**	0.512	0.262	1.001
当地政府是否就环境保护出台政策 X_{20}	−0.156	0.307	0.257	0.612	0.856	0.469	1.563
地理位置 X_{21}	−0.349	0.344	1.033	0.310	0.705	0.360	1.383
常量	−8.311	1.873	19.684	0.000***	0.000		

注：*、**、***分别表示在10%、5%、1%水平上的显著水平。

4.2.2 结果分析

从 Logistic 模型的运用来讲，解释变量的显著性与 Sig. 和 Wald 存在紧密关系，此模型总体上显著度较高。根据表 4-6 中的模型运行结果，对农民参与生活环境治理意愿的显著影响因素进行分析。

4.2.2.1 农民个体特征

年龄。福建省农村地区当前出现明显的老龄化和空心化现象，留守老人居多，青年人才匮乏。而影响农民参与意愿的影响因素里，年龄主要体现在相对年老（46岁以上）和相对年轻的人（45岁以下）之间的区别。年轻人由于和外界接触多，所获信息广，相对于年老的人固化的思想，年轻人更容易接受新事物，获得新的认知，且在城市中也形成了较好的环保习惯和行为。所以在实际调研过程中，调研人员明显感觉到受访对象年龄差别所产生的意愿及行为上的差异。45岁以下群体明显具有更强的环境保护意愿和行为意识，尤其是在关于环境权利认知和环保行为践行问题上，他们大多能正确认识自己所拥有的权利，以及环境治理过程中的行为规范。此外，相对年轻的人对待环境问题也更加与时俱进。年龄是显著的影响因素，如何针对年龄问题采取措施改善意愿水平，解决起来具有一定的难度。政府如何通过一些创新性政策吸引人才进驻农村是问题的关键，如何优化农村常住人口结构，让农村更显朝气与活力，丰富农村常住人口类型是一妙招。此外，村中也应该适时开展相应的环保宣传活动，潜移默化影响且改变人们的思想方式和行为习惯。

受教育程度。作为重要的解释变量，受教育程度是农民参与农村生活环境治理意愿的显著影响因素。模型结果显示，接受教育的年限越长，对于参与农村生活环境治理的认识越到位。这是因为受教育程度高的农民已有知识相对丰富，吸收新知识和理解环境知识的能力相对更强，他们更容易感受到环境污染、破坏给生存环境和身体健康带来的损害，因而他们更愿意以身作则，参与到农村生活环境的保护中，创造并维护良好的生活环境，一定程度上还能起到带头示范作用。受教育程度的影响很显著，因而不断强化义务教育系统并开设环保课程和开展相应的环保知识讲座有利于正向发挥这一影响因素的作用。受教育程度这一影响因素不仅能发挥保护环境的作用，还能在其他许多方面起到事半功倍的效果，让接受教育成为一种文化信仰，成为一种永恒的无形资产。

是否为党员。这一影响因素带有明显的政治色彩。由于中国共产党对党员各项素质均有着较高的要求，入党要通过层层选拔，因而党员党性和觉悟一般都有着较高的层次和水平，定期和不定期的各种党员培训学习，都对他们的思想观念和行为方式产生着一定的影响。党员在现实生活中也更加积极主动地去践行党章党规，全力配合上级制定的各项政策措施，其中就包括环境保护的相关规范。愈加严格的监督管理和党员使命要求，使得党员这一身份属性在面对农村环境问题上同样有着较高的意愿水平，对参与意愿产生重要影响，党员数量虽有限，但是其显著影响因子却发挥着不可忽视的作用。

4.2.2.2 社会经济条件

环境保护对农村发展具有重要的意义，是影响农民参与意愿的重要显著因素，农民作为理性经济人，自然会计较得失，农村经济的发展水平会显著影响农民对村庄的态度。而在农村经济得以发展的过程中，环境保护所产生的经济效益也将进一步影响农民参与农村生活环境治理的意愿。很明显，如果村庄环境卫生更好了，经济发展更快了，人民腰包更鼓了，那么他们自然对村庄产生更高的认同归属感和依恋情结，也更愿意配合参与到环境卫生的治理与改善中。因而，环境保护不只是单纯的环境保护，更应该是经济得以发展、精神文明得以升华、生态环境更美好宜居的环境保护，这才是可持续的环境保护，是人民满意的民生工程。

实际上，在环境保护的过程中，应结合村庄个性探索引进新型现代化工业，加快农业现代化的发展步伐，推动农村发展的信息化进程，利用城市反哺农村，加快实现城镇化，更高效集约地利用农村丰富的资源要素，盘活农村现有的土地资源，进一步完善农村的产业链，缩小城乡差距，使环境保护集美丽乡村建设、社会主义新农村建设和改造空心村于一体，保护环境的同时发展经济，创新发展模式，保障农民权利，合理规划制度，转变农民生活生产方式，构建农业、工业、服务业同步发展的大格局，多层次、全方位改造，让农村更宜居，让农民更清楚地认识到环境保护对农村发展所具有的重要意义。

4.2.2.3　农民的主观认知

由农民自身体验到环境危机进而增强对环境问题的认知，从而自下而上地推动农村环境制度变迁。与政府主动介入进行强制性改善的制度变迁相比较，农民主动变迁的途径更具效率，也更科学合理和切实可行。农民的主观认知包括其对环境保护的态度、对环保知识的掌握情况等，这一认知水平很难具体量化，但是却可以通过其相应的回答和日常生活中所采取的环保行为方式等得到大致的了解和测量。一般情况下，农民的主观认知越强，对于生活中的环境问题就有相对更高的保护意愿和行为水平。例如，农民自身对村庄环境状况的感知是农村环境污染严重，需要进一步开展治理，那么他会倾向于采取更加积极主动的环保态度并献身于治理当中。主观认知高的农民能及时意识到环境恶化对村庄的不利影响，敏锐地感知到环境破坏给身体健康带来的损害，因而认识到村庄有必要开展环境治理的农民会明显表现出较高的参与热情和开展环境治理的决心，这种主观认知与农民在村中生活的切身体会有关，与农民所接受的教育程度有关，与农民生产生活、成长背景也不无关系。影响农民参与意愿的因素具有高度的复杂性，使得提升其意愿和行为水平的方式更难以捉摸，更难以准确量化。要充分发挥这一影响因子的正面效应，相关部门可以创造提升农民主观认知的氛围与环境，积极开展多样化的环保知识讲座，搭建学习宣传等平台，潜移默化影响他们日常生活中的环保决定。对于主观认知较低且不爱惜生活环境卫生的，如随意排放养殖污水等，可以通过农民之间的互相监督制约等途径加以规范，并对这一类人进行重点教育和特殊指导等，必要情况下，严格的奖惩措施也能起到不错的作用。

4.2.2.4 制度因素

社会契约有形或无形地规范着农民的环境保护行为，尤其是自觉保护行为充分体现了农民对社会规范、社会准则的认可和遵守。村规民约作为社区中人与人之间交往的规范法则，在"熟人社会"的农村社区治理中发挥着重要作用，为村中社区成员之间的约束与激励提供了准则。农村生活环境保护需要有法律的保障，去调整解决各种深层次的利益关系，它需要国家明文规定政府、社会和个体的权利和责任义务边界，从而构建科学合理的权力运行和保障机制。换言之，农村生活环境治理保护也应该纳入法治的轨道。虽然我国近年不断完善修改并出台了环境法，环境法在调整人们复杂的社会关系过程中也起到了一定作用，对相关的环境保护领域、资源开发管理、公民环境权益保障和诉求等都进行了制度安排，但是不可否认，目前的环境立法和制度执行是不足的，尤其是针对农村的环保法律制度更为稀缺，从而导致在经济发展的过程中农村环境形势屡屡出现行为失范、后果失控、监管失职等不利局面。还有一种声音表示，农村现有的社会发展状况与相应的环保法律制度不匹配，从而导致法律制度在农村无法得以有效贯彻实施，因而村规民约这种独有的社会规范存在的空间就更为广阔。多数农民表示，若有村规民约，他们都会积极遵守，因而这种法律效力较低但是约束力较强的特殊社会规范就在农村社区这一典型的熟人社会中发挥着重要作用。既然如此，可将环境保护的诸多细节以村规民约的方式固定下来，浅显易懂、容易理解，让老百姓熟识于心，让这种有形、无形的约束规范去管理农民日常生产生活中的环境行为，且农民也大多具有从众心理，可以让一部分人带动另一部分人，最终实现大多数人投入、参与到环境保护中，让环境保护的村规民约起到规范村庄农民生产生活行为的作用。要实现农村环境治理的高效，一方面要加强正式的制度管理；另一方面也要充分利用社会信任构建规则网络，利用媒体舆论和加强教育等途径，不断提高农民的责任感与法律意识，让村规民约等成为社区农村环境治理制度法律建设的重要补充。

4.3 本章小结

影响农民参与农村生活环境治理意愿的因素很多，就农民个体特征而言，年龄和受教育程度影响最为显著。受教育程度作为重要的解释变量，是影响农民参与农村生活环境治理意愿的重要因素，接受教育的年限越长，对农村生活环境治理的诸方面认识越到位，所以提升农民的受教育水平以及环保知识储备与素养是实现农村环境保护并长期得以维持的推动力；是否为党员这一因素具有较强的政治色彩，提高党员的党性和素质可充分发挥其在环保上的示范带头作用；环境保护对农村发展所产生的作用会影响农民参与环境保护的意愿，如果环境保护让村庄环境变化并为农民带去了收益，农民会展现出较强的参与欲望，所以应统筹环境保护与村庄经济发展的矛盾问题；村庄是否有必要开展环境保护，即村庄内是否需要采取行为改善生存生活环境，也强烈地影响着农民的意愿和最终采取的环境保护行为；农村社区作为熟人社会，村规民约是一种效力和规范性不如法律条款但是却极具地域色彩的特殊契约形式，它无形中引导着农民的行为和意愿，所以制定相应的村规民约对农村生活环境的规范具有一定的作用，应充分发挥村规民约的约束力和影响力。

5

公众参与农村环境污染治理绩效及影响因素分析

5.1　公众参与环境治理绩效及其影响因素研究

环境治理是关乎全人类生存和发展的重大问题之一。鉴于环境治理问题具有公共属性，完全依靠政府部门或市场力量往往不能解决根本问题，所以鼓励公众对环境治理的参与是解决环境问题的重要途径（吴建南等，2016）。随着公众本身权利意识和环保意识的不断提高，公众参与环境治理的呼声也越来越高。在相继出台的《中华人民共和国环境保护法》《中华人民共和国大气污染防治法》等法律中分别规定了公民在环境保护方面的权利和义务。国家"十三五"规划纲要中，也明确要求要形成政府、企业、公众共治的环境治理体系。在新形势下，将"公众共治"纳入国家环境治理体系当中，体现国家将公众参与提升到了一个新的高度。进而，如何有效提高公众参与环境治理的效率问题，成为研究公众参与环境治理领域中的一个重要课题。环境治理政策的制定与落实需要考虑诸多因素的影响，诸如因地域差异导致出现的环境问题不同，或因人文差异导致公众参与程度、方式等的不同。这就要求在研究公众参与环境治理的过程中，需要从国内不同地域、人文环境下的不同类型的环境治理问题中，总结不同地域在公众参与环境治理方面的共同之处，抑或值得相互借鉴或可供相互验证的地方，找出一般性的规律，从而，进一步为全国不同地区在提高公众参与环境治理的意愿、完善公众参与环境治理的方式、提高公众参与环境治理的效率等方面提供一定的指导。本研究运用 Nvivo 质性分析软件，在全国范围内从北到南选取了 5 个具有代表性的环境群体性事件（松花江水污染事件、北京六里屯发电厂再论证事件、厦门 PX 项目、广州番禺垃圾焚烧项目和云南安宁石化项目），通过对现有文献的总结重新构建分析框架，并运用 Nvivo 质性分析软件来验证这一框架的有效性，通过编码结果回答以下两个问题：影响公众参与环境治理绩效的因素有哪些，重要程度如何。研究结果表明，影响公众参与环境治理绩效的有 11 个因素，其中资源可得性、公民参与意识、法律制度完善与否、政府态度 4 个因素为核心影响因素。

5.1.1 研究方法与假设

5.1.1.1 研究方法

本研究选取全国 5 个具有代表性的群体性环境保护事件作为案例，对其进行分析，以公众参与记录为分析单位，对公众参与效果进行描述。5 个案例中的公众参与记录是已经发生的事实，是已经存在的文字资料和数字资料，无回应性，因此避免了调查问卷的弊端（张廷君，2015）。选取 5 个具有代表性的案例，可以进行对比分析，避免了单一案例的特殊性缺点，从而得出更具普遍性的结论。

5.1.1.2 研究假设

基于其他相关文献，本研究提取出环境治理中公众参与绩效的影响因素，借用 Rowe 和 Frewer 建立的标准体系构建了影响因素分析框架（Gene，2000）。经验主义的研究方法可以根据已有或新建立的理论框架，对样本案例进行调查研究，最终通过对分析框架的验证修正得出结论。由于提出的影响因素分析框架是从不同的单一案例当中提取并重新构建的（表 5-1），所以经过 Nvivo 质性分析软件的分析之后可能会得到验证，也有可能得到进一步的修正。

表 5-1　公众参与环境治理影响因素

因素	解释
公众代表性	公众参与者应当是从受到相关政策或项目影响的群体中选取的具有广泛代表性的样本
公众独立性	参与程序的组织者和参加者（公众代表）都应当独立于制定政策或实施项目的部门
早期介入与否	在制定相关政策或相关项目计划过程中应尽可能早地引入公众参与，以避免当公众介入时，要改变某些错误决定或消除其不良后果为时已晚（要付出很大的代价才能做到这一点）

因素	解释
参与途径通畅与否	公众参与的效果如何，还应当从公众参与的途径来评断。公众参与途径是否通畅直接影响公众参与的积极性以及参与度，所以也影响着公众参与的绩效
参与程序透明度	参与程序应当是透明的，从而让公众清楚了解事件的进展以及决策是如何做出的
资源可得性	公众参与者应当获取必要的资源以支持其成功了解信息、表达意见
时间资源	参与者应当有充足的时间做出决定（刘新宇，2014）

就公众独立性因素而言，例如，可以任命一个中立的组织委员会，其成员来自多样化机构或中立组织，如学术界人士；从公众介入环境治理的时间来说，当公众需要从几个建设高污染设施的备选地点中做出选择时，公众参与的介入越晚，他们就越有可能失去对是否需要建设此类设施做出判断的机会，这就说明公众介入时间越早，参与的效率可能会越高。在公众参与到环境治理的过程中，对于必要资源可得性具有一定要求，这里所说的必要资源包括信息资源、人力资源和物质资源3个方面，其中信息资源是指与所制定政策或项目计划相关的关键信息，如污染物种类、性质、排放量、危害等；人力资源是指能够得到的科学研究者或专业分析师的帮助；物质资源是指诸如召开会议所需要的设备、材料等物质方面的支持。

5.1.1.3 案例选择

近年来，有关公众参与环境治理的条例措施相继出台，我国公众的环境意识也日渐增强，参政议政、民主管理的理念与时俱进，公众参与环境管理成为潮流所向，环境问题被公众广泛关注，人们纷纷投身到环境保护的行列中，公众参与这一话题被广泛报道，见诸报端，也为诸多学者所关注。这些为本研究提供了充足的素材，本研究基于以下标准选择案例：①典型的公众参与案例。完整的公众参与事件并引起了持续关注与报道。②数据可得性原则。互联网可以提供丰富的资料与数据。③地域分布均衡性原则。样本地区覆盖我国东西南北及沿海区域。根据以上标准，本研究选取了5个样本地区案例进行研究，分别为松花江水污染事件、北京六里屯发电厂再论证事件、厦门PX项目、广州番禺垃圾焚烧项目、云南安宁石化项目（表5-2）。

表 5-2　公众参与事件

事件	简介
松花江水污染事件	2005 年 11 月 13 日，吉林石化公司双苯厂一车间发生爆炸。爆炸发生后，约 100 t 苯类物质流入松花江，造成了江水严重污染，沿岸数百万居民的生活受到影响
北京六里屯发电厂再论证事件	北京六里屯垃圾焚烧电厂位于六里屯垃圾填埋场南侧，2007 年开建之前，受到了周边市民的反对。为此，环保部门表示，建设垃圾焚烧发电厂应进一步论证
厦门 PX 项目	2007 年，福建省厦门市民对海沧半岛计划兴建的对二甲苯（PX）项目进行抗议。此事件从博弈到妥协再到充分合作，是政府与民众互动的经典范例
广州番禺垃圾焚烧项目	2006 年，广州市番禺区垃圾焚烧厂取得广州市规划局下发的项目选址意见书，计划于 2010 年建成并投入运营。番禺大石数百名业主发起签名反对建设垃圾焚烧发电厂的抗议活动，最终项目停止
云南安宁石化项目	2013 年，中国石油云南石化炼油工程项目中关于是否配套建设一套 50 万 t/a PX 装置，引发昆明市民的关注以及对周边环境的担忧，一些市民在昆明市中心街头用和平的方式表达自己的诉求。昆明市政府从建立信任着手，经过第三方参与的新闻发布会、群众参与的民主恳谈会等多种渠道和方式，解决了这一危机

注：所有资料均来源于网络公开资料。

　　一般情况下，资料来源越多研究的有效性会越高（毛基业等，2010）。因此，为增强本研究有效性，本研究选用 3 种途径获取资料：①以"环境治理公众参与"为关键词，通过知网获取相关文献；②以百度搜索等方式，从《新京报》《人民日报》《新华网》《荆楚网》《搜狐财经》《羊城晚报》《云南日报》等主流媒体提取相关的新闻报道和评论；③通过环保部门官方网站获取相关数据和报告。本研究获取 2005—2015 年相关文献与新闻报道 363 篇，经仔细阅读和甄选，最终保留 101 篇。本研究采用适合于文本分析的 Nvivo 软件进行文本的编辑、编码和构建频数的统计等操作。

5.1.2　数据分析

　　本研究主要采用数据编码和归类的方法对资料进行分析和整理，目的在于从大量定性资料中提炼主题，论证理论研究部分所提出的问题（Lee，1999）。具体来说就是对所能查阅到的有关松花江水污染事件、北京六里屯发电厂再论证事件、厦门 PX 项目、广州番禺垃圾焚烧项目、云南安宁石化项目的所有文献、新闻、数据进行编码。编码一般有 3 种方式：归纳法、演绎法和综合法。本研究采用的是综合法，即先提出一个基本的说明系统，再在这个系统内建立代码。

5.1.2.1　数据编码

本研究以已有理论为依据，通过已有理论指导编码，并根据数据分析发现新增编码变量。

本研究首先根据环境治理公众参与绩效影响因素理论框架，定义相关编码变量，包括公众代表性（2 个）、公众独立性（1 个）、早期介入与否（2 个）、参与途径通畅与否（2 个）、参与程序透明度（2 个）、资源可得性（4 个）。Nvivo 编码主要分为两种：自由节点和树状节点。节点是类似质性研究中所指的范畴或类目，是一种借由区分资料，形成初步资料类别的概念。自由节点是质性研究之初，研究者对于研究概念尚未形成完整架构时，为了进行试探性的质性分析所建立的节点，也可以随着分析的不断完善被移至其他类型的节点中。树状节点是属于树状结构的节点，可以借由建立上下层的树状结构来进行分类管理，也可以理解为节点之间存在主从关系。借由树状节点的新增、删除、移动，研究者可以将质性分析所掌握的框架与研究概念间的相互关系表现出来。

使用 Nvivo 软件具体编码步骤如下：①将松花江水污染事件、北京六里屯发电厂再论证事件、厦门 PX 项目、广州番禺垃圾焚烧项目、云南安宁石化项目的相关资料导入 Nvivo 软件中。②对环境治理公众参与资料进行逐字逐句的分析，分别标记在不同节点下，对于内容、概念模糊不清的文字可以暂时标记到自由节点下，反之则将文字内容标记为某个子节点，然后放在某个树状节点下。③对所有资料编码结束后，利用软件分类提取某一节点下的所有内容，仔细阅读、思考，根据节点内容对节点名称进行必要的修改；将不同节点的内容进行比较，进而对一些节点进行必要的合并或重组；对树状节点的逻辑性进行深入研讨，并对部分子节点的位置进行调整；对于编码过程当中的重复内容不予去除，因为一个条目被提及的频次越高，该条目所描述的行为就越具有普遍意义。

经过编码之后，在原来影响因素框架之上出现新增编码，分别为政府态度反应、媒体作用、公民参与意识、法律制度是否完善、公众与政府关系、公众是否实权参与。

5.1.2.2 绩效的影响因素

为了使编码结果具备必要的信度，需要进行编码一致性检验。常用一致性百分比作为信度分析的方法。一致性百分比测算方法为

$$一致性百分比=相互一致的编码数量/（相互一致的编码数量+相互不一致的编码数量）$$

一致性百分比一般高于 70%才具有信度（郭玉霞，2009）。经过两位编码者独立编码相同资料，结果显示，11 个节点的一致性百分比在 71.72%～95.96%，说明此次编码具备必要的信度和效度。而公众独立性这一节点在 70%以下，没有通过一致性百分比，所以要将公众独立性从原有的分析框架当中剔除（表 5-3）。

表 5-3　编码一致性百分比

节点	一致性百分比/%	节点	一致性百分比/%
早期介入与否	95.96	媒体作用	79.80
公众是否有实权	92.93	参与途径通畅与否	78.79
公众代表性	88.89	参与程序透明度	77.78
公众与政府关系	82.83	资源可得性	74.75
公民参与意识	82.83	法律制度是否完善	71.72
政府态度反应	80.81	公众独立性	64.65

通过对 5 个案例的编码，最终形成了 2 180 个有效编码条目。其中，松花江水污染事件 384 个编码条目，北京六里屯发电厂再论证事件 438 个编码条目，厦门 PX 项目 618 个编码条目，广州番禺垃圾焚烧项目 410 个编码条目，云南安宁石化项目 330 个编码条目。

表 5-4　案例编码条目列示　　　　　　　单位：个

案例名称	编码条目
松花江水污染事件	384
北京六里屯发电厂再论证事件	438
厦门 PX 项目	618
广州番禺垃圾焚烧项目	410
云南安宁石化项目	330

我们发现 11 个影响因素，24 个维度得到了编码条目支持。11 个因素分别是资源可得性、公民参与意识、法律制度是否完善、政府态度反应、参与途径通畅与否、公众代表性、早期介入与否、参与程序透明度、媒体作用、公众与政府关系、公众是否实权参与。其中编码条目最多的公民参与意识编码条目为 366 个，编码条目最少的公众是否实权参与编码条目为 43 个，除此之外，因变量（公众参与环境治理绩效）的编码条目为 79 个，有效编码总条目数为 2 119 个（表 5-5）。

表 5-5　公众参与环境治理绩效影响因素列示　　　　　　　单位：个

影响因素	节点数目	具体维度	节点数目	总数目
资源可得性	41	信息资源可得	112	327
		信息资源不可得	97	
		人力资源可得	71	
		人力资源不可得	6	
公民参与意识	33	公众参与意识提高	320	366
		公众参与意识薄弱	13	
政府态度反应	35	政府给予公众反应	206	262
		政府未给予公众反应	21	
法律制度是否完善	61	法律制度比较完善	43	195
		法律制度有待完善	91	
参与途径通畅与否	50	参与途径通畅	101	193
		参与途径不畅	42	
公众代表性	16	公众具有代表性	152	176
		公众不具代表性	8	

影响因素	节点数目	具体维度	节点数目	总数目
早期介入与否	5	早期介入	98	169
		早期没有介入	66	
参与程序透明度	37	参与程序透明	81	147
		参与程序不透明	29	
媒体作用	37	媒体监督传递作用	63	114
		媒体负面作用	14	
公众与政府关系	25	公众信任政府	11	48
		公众不信任政府	12	
公众是否实权参与	8	实权参与	16	43
		形式参与	19	

注：以上自变量共计 2 040 个编码条目，因变量（公众参与环境治理绩效）有 79 个编码条目。

通过在 Nvivo 中编码发现，各影响因素获得的编码条目的支持不同，对影响因素与公众参与环境治理绩效的因果关系进行统计分析，发现影响因素编码条目数越多对公众参与环境治理绩效的影响越重要；就其编码条目数在总条目数中的占比而言，超过均值的即为核心影响因素，小于均值的即为非核心影响因素（陈升等，2016）。

资源可得性总节点数目为 327 个，资源可得的占比为 56.0%，资源不可得的占比为 31.5%，表明当前环境治理方面公众对于资源的获得还不够完整和充分，无论是信息资源还是人力资源都有所欠缺。资源可得性是公众知情权能否实现的重要决定因素。公众一旦知情，对环境治理的参与度便会大大提高，公众参与的绩效也会随之提高；而当公众资源不可得时，有些环境治理项目就会忽略公众意见直接开展，或者因公众不了解项目涉及的专业知识而盲目支持，这些情况都降低了公众参与环境治理的绩效。

公民参与意识总节点数目为 366 个，公民参与意识提高的占比为 87.4%，公民参与意识薄弱的占比为 3.6%，这一数据表明当下公民的参与意识增强，对环境的要求也大大提升，但仍存在少数人群参与意识比较薄弱。公民参与意识是影响公众参与环境治理绩效的主观因素，公民参与意识强烈的情况下，公民自发参与环境治理或者要求参与环境治理的意愿也会提升；公众参与意识薄弱时，认为参与环境治理可有可无或者认为自己的参与对改善环境状况没有作用。但是，就目前国内的环境问题而言，公民参与意愿更多地取决于与切身利益是否相关，而不是真正意义上的公民参与"意识"。

政府态度反应总节点数目为 262 个，政府给予公众反应的占比为 78.6%，政府未给予公众反应的占比为 8%，表明在大多数环境群体性事件当中政府发挥了其基本作用，回应了公众的诉求，但仍有小部分情况没有做出回应。政府及时给予公众反应，不但可以高效解决当下公众担忧的环境问题，还会增强公众对政府的信任，提升政府在公众心中的公信力，为以后政府开展相关环境治理工作奠定良好的基础；当政府未及时给予公众反应时，不但会导致环境治理工作的效率低下，还会降低政府公信力，打击公众参与环境治理的积极性，导致政府与公众之间合作关系的恶性循环。

法律制度是否完善总节点数目为 195 个，法律制度比较完善的占比为 22.1%，有待完善的占比为 46.7%，这一数据表明公众参与环境治理方面的法律制度很大程度上不够完善，公众缺乏最基本的参与保障。完善的法律制度包括信息公开制度、听证制度、环境应急机制和新闻舆论监督制度等，给公众参与环境治理的每一个环节都提供了坚实的后盾保障；而法律制度的缺失使得环境治理这一领域存在诸多模糊地带，信息公开的缺失、环境应急机制不完善、新闻舆论监督机制不完整都会导致公众参与不够充分，直接降低公众参与环境治理的绩效。

参与途径通畅与否总节点数目为 193 个，参与途径通畅的占比为 52.3%，参与途径不畅的占比为 21.8%，表明参与途径仍然不够通畅，公众参与环境治理依然没有十分便捷有效的途径。公众参与途径通畅，不仅是指参与途径的多样化，还指参与途径的便捷有效。高效通畅的参与途径可以吸引更多的公众参与，不但会使公众参与效率提高，还会提高其参与积极性，提高公众参与环境治理绩效；公众参与途径不畅往往包括参与途径单一，政府人员不予回应或办事拖拉等情况，这些情况会降低公众参与的效率，打击公众参与的积极性，降低公众参与环境治理的绩效。

综上所述，资源可得性、公民参与意识、法律制度是否完善、政府态度反应、参与途径通畅与否总节点数均在 191 个及以上，公众代表性、早期介入与否、参与程序透明度、媒体作用、公众与政府关系、公众是否实权参与总节点数均在 191 个及以下。由此得出，公众参与环境治理绩效的核心因素是资源可得性、公民参与意识、法律制度是否完善、政府态度反应、参与途径通畅与否，公众代表性、早期介入与否、参与程序透明度、媒体作用、公众与政府关系、公众是否实权参与为次核心因素。

据此，本研究对前理论框架进行了修正，运用 Nvivo 的模型功能构建结构模型，从而得到我国公众参与环境治理绩效的影响因素理论框架（图 5-1）。

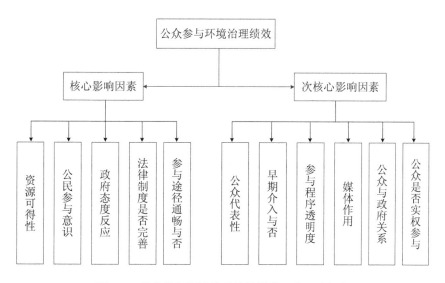

图 5-1 公众参与环境治理绩效影响因素理论框架

5.2 农村治理参与户和非参与户生活垃圾处理效率差异

对农民生活垃圾处理效率进行分析，投入-产出指标如表 5-6 所示。通过 DEA2.0 进行测算，最终求得农民生活垃圾处理效率。最终得到，现阶段，项目村居民垃圾处理效率均值为 0.704，非项目村居民垃圾处理效率均值为 0.716，非项目村居民垃圾处理效率反而较高。为了进一步探析"农村环境连片整治项目"的政策效应，拟采用双重差分法进行分析。

表 5-6　投入-产出指标

投入指标	产出指标
处理垃圾负担	
厨余垃圾重量	自我评价——方式合理性
清理频率	自我评价——不良影响
主要处理方式	收益
家中垃圾桶数量	
到垃圾投放点距离	
到垃圾投放点时间	

5.2.1　双重差分法介绍与模型构建

倾向评分匹配（Propensity Score Matching，PSM）是一种统计学方法，用于处理观察研究（observational study）的数据。在观察研究中，由于种种原因，数据偏差（bias）和混杂变量（confounding variable）较多，倾向评分匹配的方法正是为了减少这些偏差和混杂变量的影响，以便对实验组和参照组进行更合理的比较。这种方法最早由 Paul Rosenbaum 和 Donald Rubin 在 1983 年提出，一般常用于医学、公共卫生、经济学等领域。双重差分法（Difference-in-Difference，DID）是评估一项政策是否有效的研究方法。其视某项政策的实施为一项实验，基本要素包括处理政策、实验组与参照组，实验组的结果要以参照组为基准进行分析。DID 往往要求控制组和参照组有共同的趋势，然而，这一项假设在一些研究中很难实现，双重差分倾向匹配法（PSM-DID）可以帮助解决这一问题。本研究采用 PSM-DID 分析农村治理参与户和非参与户生活垃圾处理效率差异。

一个地区的居民生活垃圾处理方式及效率改变的影响因素有多种。实施农村环境连片整治项目意味着投入较多的资金并带来一定的改善，但是同时其改变也受其他因素的影响，如经济水平的增长以及气候、自然灾害的影响。例如，当地村庄经济持续增长会带来当地居民生活状况的变化从而影响其生活垃圾处理方式，而严重的自然灾害会给当地居民生活带来毁灭性打击，基本生活难以保障，更何况环境质量改善。所以，仅仅依靠在某一地区实施农村环境连片治理项目来判断农村居民环境处理方式与效率的变化是有问题的。因此，考察农村环境连片整治项目是否促进了农村居民生活垃圾处理方式的改善，有必要引入 DID 分析方法。

该模型设置的具体方法，就是构造项目村居民的"项目组"和非项目村居民的"非项目组"，通过控制其他因素，对比项目实施后项目组与非项目组之间的差异，从而检验政策效果。以农村居民生活垃圾处理方式（y）为解释变量，用变量项目（p）表示是否为项目村村民，1 代表是项目村村民，0 代表非项目村村民；用时间（t）代表项目实施进程，实施后取值为 1，否则为 0。为了检验改革效果，设立交互项"政策效果（did）=时间×项目"。

这样，将样本分为 4 个组：实施项目前的非项目村（$p=0$，$t=0$），实施项目后的非项目村（$p=0$，$t=1$），实施项目前的项目村（$p=1$，$t=0$），实施项目后的项目村（$p=1$，$t=1$）。其具体分布如表 5-7 所示。

表 5-7　参照组与实验组样本数量

	频数/人	频率/%
参照组	138	46.31
实验组	160	53.69
总量	298	100

在不纳入其他控制变量的情况下，双重差分模型设置如下：

$$y = \beta_0 + \beta_1 p_i + \beta_2 t_i + \beta_3 did + e_i \tag{5-1}$$

式中，β 为系数，β_3 是我们真正关心的变量，是可以反映项目是否发生作用的系数，e_i 表示残差。对于参照组，即 $p=0$，由式（5-1）可知，其前后变化为

$$y = \begin{cases} \beta_0 & t=0 \\ \beta_0 + \beta_2 & t=1 \end{cases} \tag{5-2}$$

因此，在实施项目前后期，非项目组居民生活垃圾处理效率变动为 β_2。而对于项目组，即 $p=1$，变化为

$$y = \begin{cases} \beta_0 + \beta_1 & t=0 \\ \beta_0 + \beta_1 + \beta_2 + \beta_3 & t=1 \end{cases} \tag{5-3}$$

可见，在项目实施前后，项目村居民生活垃圾处理效率变动为$\beta_2+\beta_3$，因此其净效应为$\beta_2+\beta_3-\beta_2$，即did的系数。

5.2.2 参与户和非参与户生活垃圾处理效率差异分析

根据双重差分公式，运用 STATA12.0 进行分析，结果如表 5-8 所示。由表 5-8 可知，是否为项目村对于农村居民生活垃圾处理效率改善并不存在显著作用。其可能有以下原因：首先，随着环境问题的凸显，农村居民的环境保护意识逐渐增强，在日常生活中较为注重处理生活垃圾；其次，在研究中我们选择的时间点分别为 2010 年与 2016 年，而选择的项目为"农村环境连片治理项目"，选择时间跨度较长。在这一时期内，出于环境问题的迫切性，各级政府越发重视环境问题并投入大量资源用以改善环境，并出台了诸如"美丽乡村"等一系列环境治理项目。换言之，农村环境治理是多手段的综合治理，某单一项目的作用不明显。

表 5-8 生活垃圾处理效率 Diff 分析

	对应公式参数	系数	标准差	t	$P>t$
项目实施前					
参照组	β_0	0.677			
实验组	$\beta_0+\beta_1$	0.709			
Diff（T-C）	β_1	0.032	0.027	1.190	0.234
项目实施后					
参照组	$\beta_0+\beta_2$	0.717			
实验组	$\beta_0+\beta_1+\beta_2+\beta_3$	0.704			
Diff（T-C）	$\beta_1+\beta_3$	−0.013	0.027	0.460	0.643
Diff-in-Diff	β_3	−0.045	0.038	1.170	0.242

此外，由于本研究仍属于探索性研究，在农村生活垃圾处理效率方面选择的指标仍存在问题，有待进一步调整。

6

农村环境治理公众互动行为研究

在国家的大力整治下，农村生活垃圾治理虽得到了一定的改善，但在治理过程中仍然存在较多问题。农民环境意识薄弱、治理主体单一、治理监管机制不健全等问题都对农村环境治理提出了更高的要求。不断推进的城镇化进程导致城市污染不断向农村转移，然而政府对农村环境治理的投入有限，而且农村环境污染以面源污染为主，政府监管难度大、监管成本高，所以农村环境污染治理还需要农民加入其中，结合政府、企业等多方治理主体共同参与农村环境治理，形成一种多主体的共同参与机制，合力解决农村环境污染治理中资金、技术、监管等难题。

在农村社会中，以农民为主体的公众，既是农村环境恶化的直接承担者，也是农村环境改善的直接受益者，这就意味着在广大农村地区，将农民引入农村环境治理当中是各项工作得以顺利开展的有效保障（胡文婧，2015）。根据社会互动理论，公众在社会中不是独立的个体，自身行为会受到其他社会成员的影响。尤其在传统农村社会，"圈子主义"等特点使得农民的决策和行为可能会受到自己所获取的信息资源或他人行为规范的影响（熊顺聪等，2010），所以农民之间的互动是影响农村环境治理的重要环节。

6.1 农民互动行为现状

6.1.1 互动行为统计

已有研究表明，互动行为会对个体最终的决策行为产生影响。例如，Hong 等

（2004）曾发现，互动程度越高的居民参与股市的概率也越高。因为互动程度越高，观察和学习股市知识的机会也就越多，从而参与股市的净成本越低，因而参与股市的可能性就越高。互动行为还会显著影响居民的环保行为，促进居民环保行为的改善，除此之外，互动行为对农民的参保行为也有显著影响（何兴邦，2016；吴玉锋等，2015）。

关于互动行为，已有的文献曾以下几种指标表征："春节期间以各种形式给亲属、朋友以及认识的人拜年的总人数""居民与朋友聚会的次数""与亲戚、本家族成员、同小组村民、同自然村村民、同行政村村民以及村干部的往来程度""村里关系好到可以到家里去聊天的人有几个？""村里知心的朋友有几个？""村里一般朋友有几个？""最近两周您拜访邻居的次数，邻居拜访您的次数，您和亲友联系的次数""礼金支出、受访情况、通信支出"（何兴邦，2016；吴玉锋等，2015；郭士祺等，2014；宋涛等，2012；李涛，2006）。

本研究参考已有文献（何兴邦，2016；刘洁，2016；郭士祺，2014；李涛，2006；Durlauf 等，2005；Hong 等，2004），结合研究中关于生活垃圾处理的具体内容及数据可得性，选取问卷中"当农忙的时候，村民之间会相互帮忙""村里人结婚，会义务帮忙""如果有打折优惠的消息会告知邻里""邻里之间经常打牌、聊天、聚会""经常与村干部接触""就环境治理项目发表意见，主动提出建议""响应政府、其他团体举办的环保宣传活动""组织村民自发开展环境治理"这些指标来表征农民间的互动行为。"当农忙的时候，村民之间会相互帮忙""村里人结婚，会义务帮忙""如果有打折优惠的消息会告知邻里""邻里之间经常打牌、聊天、聚会""经常与村干部接触"的回答为"非常不同意、较不同意、一般、较同意、非常同意"，分别赋值"1～5"表示受访对象与其他人的日常互动程度；"就环境治理项目发表意见，主动提出建议""响应政府、其他团体举办的环保宣传活动""组织村民自发开展环境治理"的回答为"从不、偶尔、经常"，分别赋值"1～3"表示受访对象与其他人在环境治理方面的互动程度。

以上数据通过设计调查问卷实地调研所得，需对其进行信度及效度检验。通过 SPSS20.0 对以上变量进行内部一致性检验，得到 Cronbach's Alpha 系数为 0.619，说明问卷指标有效；通过因子分析法检验其效度，得到 KMO 值为 0.7，说明问卷具有较好的效度。

因此，在数据处理方面，将以上 8 个指标的得分进行加总，最终得分为互动行为得分，得分范围为 8～34，分值由小到大代表互动的程度。

表 6-1 展示了农民日常互动行为的基本情况。可以看出，"当农忙的时候，村民之间会相互帮忙""村里人结婚，会义务帮忙""如果有打折优惠的消息会告知邻里""邻里之间经常打牌、聊天、聚会"这 4 个指标的平均值均超过了 2.5，且标准误差较小，表明农民在这 4 个方面的互动良好，互动程度较高。义务帮忙、消息互通这些属于互惠合作的互动行为，因此可以看出农民互惠合作类的互动行为互动程度较高，较为频繁。"经常与村干部接触"这一指标均值小于 2.5，说明农民与村干部的交流互动较少，这可能导致农民对村中环境治理相关政策措施了解不够，对农村环境的关注度较差，最终影响其环境行为。"就环境治理项目发表意见，主动提出建议""组织村民自发开展环境治理"这 2 个指标均值均小于 1.5，主动提出建议、组织村民开展环境治理都属于主动性行为，这说明农民在环境治理方面的互动主动性较差。"响应政府、其他团体举办的环保宣传活动"这一指标的均值大于 1.5，响应环保宣传活动相对属于较为被动的行为，这说明农民在环境治理方面的互动较为消极。

互动行为得分均值为 22.076，超过了 8 与 34 的中间值 21，说明当前农民的互动较为频繁，互动程度较高。

总体来看，农民的日常互动较好、程度较高，而在环境治理方面互动较为消极。由此可以看出，应该加强农民的环境治理意识，强化环境知识宣传，促进农民在环境治理方面的互动。

表 6-1 互动行为统计

指标	指标释义	样本量/份	平均值	标准误差	最小值	最大值
当农忙的时候，村民之间会相互帮忙	1=非常不同意；2=较不同意；3=一般；4=较同意；5=非常同意	523	3.618	1.352	1	5
村里人结婚，会义务帮忙		523	4.094	1.065	1	5
如果有打折优惠的消息会告知邻里		523	3.755	1.183	1	5
邻里之间经常打牌、聊天、聚会		523	4.048	1.205	1	5
经常与村干部接触		523	2.423	1.378	1	5

指标	指标释义	样本量/份	平均值	标准误差	最小值	最大值
就环境治理项目发表意见，主动提出建议	1=从不；2=偶尔；3=经常	523	1.281	0.525	1	3
响应政府、其他团体举办的环保宣传活动		523	1.574	0.714	1	3
组织村民自发开展环境治理	1=从不；2=偶尔；3=经常	523	1.283	0.557	1	3
互动行为得分	上述互动行为指标数值加总	523	22.076	4.393	8	34

6.1.2 互动行为交叉分析

本节将农民的个体特征与其互动行为进行交叉分析，农民的个体特征沿用的9个指标，分别为性别、婚姻状况、是否为村干部、政治面貌、受教育程度、年龄、家庭成员数量、健康状况与在家居住时长，将互动行为得分大于均值21的计为高互动程度，将互动行为得分小于等于21的计为低互动程度，运用SPSS20.0对其进行交叉分析，结果如表6-2所示。

表6-2 农民个体特征与互动行为交叉分析结果

变量	分类	互动程度		卡方值	P值
		低互动程度/%	高互动程度/%		
性别	男	42.90	57.10	0.003	0.957
	女	43.10	56.90		
婚姻状况	已婚	43.10	56.90	0.006	0.940
	未婚	42.30	57.70		
是否为村干部	村干部	16.20	83.80	11.671	0.001
	普通村民	45.10	54.90		
政治面貌	党员	19.60	80.40	12.637	0.000
	群众	45.60	54.40		
受教育程度	小学及以下	50.50	49.50	16.500	0.001
	初中	33.20	66.80		
	高中	30.60	69.40		
	大学及以上	50.00	50.00		

变量	分类	互动程度		卡方值	P 值
		低互动程度/%	高互动程度/%		
年龄/岁	20 以下	0.00	100.00	10.033	0.074
	20≤年龄＜30	36.00	64.00		
	30≤年龄＜40	48.80	51.20		
	40≤年龄＜50	38.00	62.00		
	50≤年龄＜60	36.40	63.60		
	60 以上	49.50	50.50		
家庭成员 数量/人	2 以下	45.60	54.40	2.441	0.655
	2＜数量≤4	45.70	54.30		
	4＜数量≤6	43.40	56.60		
	6＜数量≤8	36.80	63.20	2.441	0.655
	8 以上	35.50	64.50		
健康状况	非常差	37.50	62.50	5.996	0.199
	比较差	47.80	52.20		
	一般	51.00	49.00		
	比较好	41.80	58.20		
	非常好	35.50	64.50		
在家居住 时长	3 个月及以下	41.70	58.30	1.221	0.748
	3~6 个月	41.20	58.80		
	6~9 个月	60.00	40.00		
	9~12 个月	42.80	57.20		

由表 6-2 可知，是否为村干部、政治面貌、受教育程度、年龄这 4 个个体特征变量对农民互动程度具有显著影响，其他个体特征变量对农民互动程度并无显著影响。

由交叉分析的结果可以得出，是否为村干部在 1%的置信水平下对农民的互动程度具有显著影响，村干部群体中的高互动程度占比明显高于普通村民，出于工作任务的需要，村干部需要经常与村民进行沟通交流，所以其互动程度会明显高于普通村民。政治面貌对于农民的互动程度在 1%置信水平下具有显著影响，党员群体中的高互动程度占比明显高于普通群众，说明党员群体的互动情况更好。受教育程度在 1%置信水平下对农民的互动程度具有显著影响，可以观察到，高互动程度的占比随着受教育程度的升高有上升的趋势，当受教育水平从小学及以下上升到初中时，农民的互动程度有明显变好的趋势。由于受教育水平为大学及以上的调查对象在整个调查数据中占比较少，所以互动程度在这一分类的结构分布并不十分准确。年龄变量在 10%置信水平下对农民的互动程度具有显著影响，调查对象的年龄中，30 岁以下的年轻人较少，所以互动程度在这一年龄层的结构分布的准确性仍有待考证。但是可以观察到，在 30 岁之后，高互动程度的比重与年龄之间的关系呈倒"U"形曲线，高互动程度的比重随着年龄的上涨先上升后下降，在 50~60 岁达到最高比重，这说明处于这一年龄阶段的农民互动最为频繁，互动情况最好。

男性以及女性的互动程度分布结构大体保持一致，高互动程度占比都在 50%以上。婚姻状况对于农民互动程度并无显著影响。家庭成员数量对农民的互动情况并无显著影响，但是我们可以看出，随着家庭成员数量的增加，高互动程度的比例呈逐渐上升的趋势，家庭成员数量越多，社会网络越为发达，因此互动程度也会越高。健康状况及在家居住时长对农民的互动程度并无显著影响。总体来看，高互动程度的占比较高，说明当前农民的互动情况较好，互动较为频繁。

6.2　互动行为与生活垃圾集中处理行为

为检验互动行为与生活垃圾集中处理行为之间的关系，现以互动行为得分代表互动行为，以人均生活垃圾年集中处理量代表生活垃圾处理行为，运用 SPSS20.0 将互动行为得分与人均生活垃圾年集中处理量做 Person 相关分析，结果如表 6-3 所示。表 6-3 中显示，Person 相关性系数为 0.088，显著性系数为 0.045，说明互动行为得分与人均生活垃圾年集中处理量在 5%的置信水平下具有显著正向相关关系。这说明互动行为得分越高，人均生活垃圾年集中处理量也越大，互动行为对生活垃圾处理行为有显著影响。社会互动理论表明，人的行为会受到周围人群及所处环境的影响，通过与其他农民的互动，农民自身的行为会发生转变。农民接触的人群越多越广泛，可以吸纳的新鲜知识越多，可以一定程度上改善农民的思想意识，提升其环境意识，从而使其规范自己的生活垃圾处理行为。

表 6-3 互动行为与生活垃圾集中处理行为相关分析

项目	统计量	互动行为得分	人均生活垃圾年集中处理量
互动行为得分	Pearson 相关性系数	1	0.088*
	显著性（双侧）	—	0.045
	样本量	523 份	523 份
人均生活垃圾年集中处理量	Pearson 相关性系数	0.088*	1
	显著性（双侧）	0.045	—
	样本量	523 份	523 份

注：*表示在 0.05 水平（双侧）上显著相关。

6.3 农民生活垃圾集中处理行为互动效应分析

农村生活垃圾治理单纯依靠政府并不能从根本上解决问题。农民是农村生产生活的主体，除依靠政府之外，还需依靠农民自身才能起到事半功倍的效果。农村环境问题涉及多方利益主体，并且交错复杂，各地的情况也不尽相同，因此农村生活垃圾治理应建立一种多元共治、多中心治理的模式，本研究则重点研究农民主体对于农村生活垃圾治理的作用。传统的农村社会是熟人社会，"圈子主义""宗族社会"等特点导致农民的一言一行都受到周围人群的影响，其生活垃圾处理行为也会因与周围人群互动而受到影响。因此本节将根据社会互动理论具体分析互动行为对农村生活垃圾集中处理行为的影响。Manski（2000）曾将社会互动效应分为内生互动效应、情境互动效应和关联效应。这 3 种效应分别具有不同的作用传导机制，在不同效应的影响下公共政策效果也会产生巨大差异，因此将这 3 种效应进行具体的区分很有必要。以下将从内生互动效应、情境互动效应和关联效应 3 个方面进行具体分析，图 6-1 展示了 3 种效应的作用机理。关联效应是指同一群体内个体行为一致的原因是由于他们拥有相似的个体特征、制度环境等客观条件。如果同一村庄的农民都选择将生活垃圾集中收集、定点倾倒，可能是因为这个村庄的村规民约较为严格或者有较为严厉的环境行为奖罚措施；相反，如果同一村庄的农民都将垃圾随意丢弃，不做任何处理，可能是因为这个村庄村规民约非常松散，没有实施相关的环境政策约束，又或是村民普遍文化程度不高等原因，这体现了制度环境对个人行为选择的巨大影响。

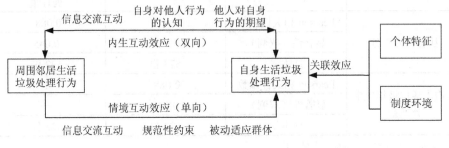

图6-1 作用机理

6.3.1 参照群组划分

根据上述理论分析，结合参照群组范围的大小差异，我们选择邻居和邻近村庄作为参照群组以区别参照群组的范围大小。邻居群组在本研究中指的是同一村庄内，除农民自身以外，相距 1 000 m 以内的其他调查对象；邻近村庄在本研究中指的是同一乡镇或区中，除被调查村庄自身以外的其他被调查村庄。如表 6-4 所示，受调研实际情况所限，每个农民的邻居数量以及村庄的邻近村庄数量并非都一致。所以，我们选取的邻居数量为 1~12 个，即每个农民的参照群组数量至少 1 个，至多 12 个；邻近村庄选取的均为同一乡镇或区的邻近村庄，参照群组数量至少 1 个，至多 5 个。

表6-4 参照群组划分　　　　　　　　　　　　　　　　单位：个

参照群组划分	参照数量
邻居群组	1~12
邻近村庄群组	1~5

6.3.2 变量说明

结合已有文献及实际调研情况，在数据处理时，仅选取有专人负责生活垃圾处理的村庄为样本数据，选取厨余垃圾、农药瓶、塑料瓶、废旧纸箱、废旧塑料袋为生活垃圾范围，选取直接扔进垃圾桶、分类扔进垃圾桶、出售、焚烧等方式为生活垃圾集中处理行为。被解释变量选取人均生活垃圾年集中处理量，即厨余垃圾、农药瓶、塑料瓶、废旧纸箱、废旧塑料袋的人均年集中处理重量之和。其中，厨余垃圾、废旧纸箱的重量均可通过问卷直接得出；农药瓶、塑料瓶在调查问卷中体现为数量，因此需要将农药瓶和塑料瓶折算为重量；废旧塑料袋的重量太轻，因此忽略不计。冯成玉（2011）曾在其文中对废旧农药包装塑料袋、农药塑料瓶的重量进行计算，得出加权平均废弃农药包装塑料袋、农药塑料瓶的单个重量为 7.5 g，废旧塑料瓶平均重量为 18 g。

为检验农民关于生活垃圾处理行为的内生互动效应、情境互动效应及关联效应，以下基于调查数据的可获得性，参考已有文献，邻居参照群组选取以下几方面为解释变量：第一，2013 年参照群组的家庭人均生活垃圾年集中处理量的平均值。这里对这一指标做进一步解释，假设在某村共调查了 A、B、C、D、E 共 5 个农民，以 A 为主体，则 A 的参照群组为 B、C、D、E；以 B 为主体，则 B 的参照群组为 A、C、D、E，依次类推。之所以选择 2013 年为时间节点，是因为互动效应的产生需要一个时间阶段，尤其生活垃圾处理这样一种习惯性行为，需要时间逐渐改变，并且 2013 年为第一批农村环境连片整治项目的完成时间，以此为时间节点可以一定程度上考量第一批农村环境连片整治项目的实施效果。第二，农民个体所在群组的平均特征。这包括其所在群组的平均年龄、参照群组成员数量、平均受教育年限、平均健康状况、平均在家居住时长，其计算方法同参照群组的家庭人均生活垃圾年集中处理量。第三，农民个体特征。这包括其年龄、家庭成员数量、受教育年限、健康状况、在家居住时长。以上 3 个方面为解释变量。被解释变量为 2017 年农民个体的家庭人均生活垃圾年集中处理量，如表6-5 所示。

邻近村庄参照群组在数据处理时，将同一村庄调查对象的个人数据做平均处理，将最终结果作为该村庄的数据。假设在某镇共调查了甲、乙、丙、丁 4 个村庄，则甲村的参照群组为乙、丙、丁。假设在甲村共调查了 A、B、C、D、E 5 个农民，则这 5 个农民的各组数据加总平均记为村庄 A 的数据，由此可以得出甲村的年龄、家庭成员数量、受教育年限、健康状况及在家居住时长。依次类推，可以得到乙、丙、丁的数据。

表 6-5　变量解释及说明

变量名称	变量释义	效应检验
被解释变量		
T2 时期自身生活垃圾年集中处理量	2017 年自身的家庭人均生活垃圾年集中处理量；连续变量	
解释变量		
T1 时期参照群组生活垃圾年集中处理量	2013 年参照群组的家庭人均生活垃圾年集中处理量的平均值；连续变量	检验内生互动效应
参照群组平均年龄	参照群组年龄的平均值；连续变量	
参照群组成员数量	参照群组的成员数量；连续变量	
参照群组平均受教育年限	参照群组受教育年限的平均值；连续变量	检验情境互动效应
参照群组平均健康状况	参照群组健康状况的平均值；连续变量	
参照群组平均在家居住时长	参照群组在家居住时长的平均值；连续变量	
年龄	自身的年龄；连续变量	
家庭成员数量	自身的家庭成员数量；连续变量	检验关联效应
受教育年限	自身的受教育年限；连续变量	
健康状况	自身的健康状况：1=非常差，2=比较差，3=一般，4=比较好，5=非常好	检验关联效应
在家居住时长	自身在家的居住时长；连续变量	

6.3.3　模型构建

本研究采用 Manski 在内生社会效应的识别当中所构建的模型来检验 3 种互动效应。该模型能够克服同时性、内生性及遗漏变量偏差等计量问题，具体形式如下：

$$\ln(Y_{i,t}) = a_0 + a_1 \ln(Z_i) + a_{2,k} \ln(\overline{P}-i_{,t-1}) + a_{3,k} \ln(Z-i) + u_{i,t} \qquad (6\text{-}1)$$

式中，$Y_{i,t}$ 是 t 时期农民个体的家庭人均生活垃圾年集中处理量；Z_i 指的是农民 i 个体层面的信息；$Z-i$ 是指农民 i 所在参照群组的外生特征，如参照群组成员的平均年龄、文化水平等；$\overline{P}-i_{,t-1}$ 是构成农民个体 i 的参照群组成员在 $t-1$ 时期的平均家庭人均垃圾年集中处理量，也是参照群组在农村生活垃圾处理当中处理效果的一个代理变量。其中，$Z-i$ 是农民 i 的参照群组的外生特征向量，除去农民 i 本身，并且 $u_i \sim N(0,\sigma_u^2)$；k 表示农民 i 的参照群组。如果 $a_1 \neq 0$，则关联效应存在；

如果 $a_{2,k} \neq 0$，则组 k 中存在内生互动效应；如果 $a_{3,k} \neq 0$，则组 k 中存在情境互动效应。

6.3.4 模型估计结果与分析

6.3.4.1 模型估计结果

本研究运用 STATA13.0 软件对 523 个样本数据进行估计，为了根据式（6-1）检验产出方面的互动效应，对家庭人均生活垃圾年集中处理量、人均年收入等连续变量均采取对数形式，有"0"观察值的变量可作为离散变量保留在方程中，以防止采用对数形式时剔除许多观察值。表 6-6 为模型估计结果。

表 6-6   农民生活垃圾集中处理行为互动效应检验结果

变量	邻居参照群组		邻近村庄参照群组		效应检验
	模型 1	模型 2	模型 3	模型 4	
T1 时期参照群组人均生活垃圾年集中处理量	0.102 4* (0.054 4)	0.097 8* (0.059 2)	−0.022 5 (0.113 0)	−0.058 8 (0.113 4)	检验内生互动效应
参照群组平均年龄	0.102 8 (0.146 8)	0.090 3 (0.146 8)	0.072 9 (0.068 0)	0.048 3 (0.067 1)	检验情境互动效应
参照群组平均年龄平方	−0.001 0 (0.001 3)	−0.000 9 (0.001 3)	−0.000 7 (0.000 6)	−0.000 5 (0.000 6)	
参照群组成员数量	0.043 1 (0.185 9)	−0.065 2 (0.195 0)	0.773 3* (0.461 0)	0.786 6 (0.492 1)	
参照群组成员数量平方	−0.000 3 (0.013 3)	0.006 2 (0.013 7)	−0.151 8* (0.076 9)	−0.142 8* (0.082 0)	
参照群组平均受教育年限	−0.099 2** (0.048 5)	−0.082 9* (0.049 2)	0.135 3 (0.087 1)	0.149 5* (0.085 4)	
参照群组平均健康状况	0.357 1* (0.197 2)	0.349 6* (0.203 4)	−0.029 1 (0.397 0)	0.097 0 (0.414 8)	
参照群组平均在家居住时长	−0.029 7 (0.084 6)	−0.064 0 (0.087 0)	−0.002 2 (0.149 5)	−0.099 4 (0.152 2)	
年龄	−0.010 2 (0.007 5)	−0.009 6 (0.007 5)	−0.011 7 (0.021 1)	−0.007 6 (0.020 8)	检验关联效应

变量	邻居参照群组		邻近村庄参照群组		效应检验
	模型 1	模型 2	模型 3	模型 4	
家庭成员数量	$-0.070\,0^{*}$	$-0.067\,6$	$-0.248\,1^{*}$	$-0.271\,1^{**}$	
	$(0.042\,4)$	$(0.042\,4)$	$(0.136\,5)$	$(0.134\,6)$	
受教育年限	$0.054\,5^{**}$	$0.057\,6^{**}$	$-0.032\,0$	$-0.017\,8$	
	$(0.025\,5)$	$(0.025\,5)$	$(0.068\,2)$	$(0.067\,0)$	检验关联
健康状况	$0.125\,8$	$0.124\,1$	$0.949\,0^{***}$	$1.019\,1^{***}$	效应
	$(0.093\,1)$	$(0.093\,9)$	$(0.289\,6)$	$(0.295\,6)$	
在家居住时长	$0.138\,8^{***}$	$0.130\,7^{***}$	$0.124\,0$	$0.065\,4$	
	$(0.042\,7)$	$(0.042\,9)$	$(0.113\,5)$	$(0.113\,6)$	
常数项	$-1.706\,6$	$-0.460\,0$	$-1.800\,1$	$0.022\,1$	—
	$(4.393\,5)$	$(4.452\,0)$	$(3.177\,6)$	$(3.383\,5)$	
地区变量	未控制	控制	未控制	控制	—
样本数量	523 份	523 份	95 份	95 份	

注: ***、**、*分别表示 1%、5%、10%的显著水平; 括号内为标准误; 所有数字均为四舍五入后的结果。

表 6-6 中, 模型 1 和模型 2 分别为邻居参照群组不加地区变量以及加入地区变量的检验结果, 模型 3 和模型 4 分别为邻近村庄参照群组不加地区变量以及加入地区变量的检验结果。可以发现, 加入地区变量之后, 模型依旧稳定, 显著影响农民生活垃圾年集中处理量以及村庄生活垃圾年集中处理量的因素基本不变。

邻居参照群组中存在内生互动效应、情境互动效应以及关联效应。其中, T1 时期参照群组生活垃圾年集中处理量、参照群组平均受教育年限、参照群组平均健康状况在 10%的置信水平下, 对 T2 时期农民生活垃圾年集中处理量具有显著影响; 农民的受教育年限在 5%的置信水平下, 对 T2 时期农民生活垃圾年集中处理量具有显著影响; 农民在家居住时长在 1%的置信水平下, 对 T2 时期农民生活垃圾年集中处理量具有显著影响。

邻近村庄参照群组中存在情境互动效应、关联效应, 不存在内生互动效应。其中, 参照群组成员数量平方、参照群组平均受教育年限在 10%置信水平下, 对 T2 时期村庄生活垃圾年集中处理量具有显著影响; 村庄平均家庭成员数量在 5%置信水平下, 对 T2 时期村庄生活垃圾年集中处理量具有显著影响; 村庄平均健康状况在 1%置信水平下, 对 T2 时期村庄生活垃圾年集中处理量具有显著影响。

6.3.4.2　模型估计结果分析

1）内生互动效应分析

由表 6-6 可知，邻居参照群组 T1 时期的人均生活垃圾年集中处理量在 10% 置信水平下通过显著性检验，证明邻里之间存在内生互动效应，邻居在前一期的人均生活垃圾年集中处理量对于农民当期的人均生活垃圾年集中处理量具有显著的正向影响。这说明邻居的人均生活垃圾年集中处理量越多，农民的人均生活垃圾年集中处理量也越多；同理，农民的人均生活垃圾年集中处理量越多，其邻居的生活垃圾年集中处理量也会越多；二者之间相互影响。这一结果与罗庆（2010）的研究结论相悖，罗庆在研究农民的生产效率时，认为邻里之间并不存在内生互动效应。究其原因，农民在农业生产方面与邻居之间存在一定的竞争关系，生产效率的高低直接影响其经济效益，所以在农业生产方面，邻里之间不存在内生互动效应。而在环境治理方面，农民与邻居共同分享一个农村社区，农民与邻居互动交流频率的提高，可以增强其对于未来合作的期望，乃至形成一种风险共担、利益互惠的机制。农民与邻居的互动会促进其共同利益——美好乡村环境的实现，因此农民与邻居之间存在内生互动效应。

而邻近村庄参照群组的人均生活垃圾年集中处理量未通过显著性检验，在邻近村庄这一参照群组中内生互动效应并不存在。可见参照群组地域范围越大，内生互动效应越弱。

2）情境互动效应分析

邻居参照群组中情境互动效应表现在平均受教育年限和平均健康状况方面。邻近村庄群组中情境互动效应表现在参照群组数量和平均受教育年限方面。

邻居参照群组中的平均受教育年限在 10% 置信水平下对农民人均生活垃圾年集中处理量具有显著的负向影响，这说明参照群组的文化程度越高，农民对生活垃圾的集中处理量就越少。这一结果与罗庆在其关于农业新技术地邻群组的互动效应检验中结论一致，即农民在日常交流互动中，不愿意与比自己文化水平高的人接触，且比自己文化水平越高，这种排斥越明显。

邻居参照群组的平均健康状况在 10% 置信水平下对农民人均生活垃圾年集中处理量具有显著正向影响。这说明参照群组的健康状况越好，农民本身的生活垃圾人均年集中处理量也会越高。身体状况好，时间和精力会相对充沛，具备处理生活垃圾的基本客观条件，邻里之间可以相互帮忙，起到相互照应的作用。因此参照群组的平均健康状况越好，农民本身的生活垃圾年集中处理量也越多。

另外，可以观察到邻居参照群组的平均年龄与农民人均生活垃圾年集中处理量之间的关系呈倒"U"形。设农民人均生活垃圾年集中处理量为 Y，参照群组平均年龄为 A，则参照群组的平均年龄与农民人均生活垃圾年集中处理量之间的关系为

$$\frac{\partial \ln(Y)}{\partial(A)} = 0.090\,3 - (0.000\,9 \times 2)A \qquad (6\text{-}2)$$

即农民的人均生活垃圾年集中处理量在参照群组的平均年龄为 50.17 岁时达到最高值。参照群组平均年龄在 50.17 岁之前，农民自身的人均生活垃圾年集中处理量随着参照群组平均年龄的增加而增加；参照群组平均年龄在 50.17 岁之后，农民自身的人均生活垃圾年集中处理量随着参照群组平均年龄的增加而减少。受传统生活习惯的影响，年龄越大的人越节俭，因此会倾向于把部分可以出售的生活垃圾积攒出售，因此年龄越大的人，回收的垃圾越多；而当到达一定年龄之后，受体力、精力的限制，老年人无法再继续收集、整理、出售生活垃圾，因此生活垃圾的集中处理量会随着年龄的增大而减少。而受"伙伴群体效应"的影响，农民的生活垃圾集中处理行为会受到周围邻居的影响，因此参照群组的平均年龄会影响农民的人均生活垃圾年集中处理量。

邻居参照群组的平均在家居住时长对农民的人均生活垃圾年集中处理量具有负向影响作用。参照群组平均在家居住时间越长，农民自身的生活垃圾年集中处理量越少。邻居在家居住时间越长，受周围生活环境的影响越大，因此对周围生活环境维持得越好，很可能将周围邻居的生活垃圾一并做集中处理以维持周边生活环境的干净整洁，这种情况下，难免出现"搭便车"的现象，使得部分农民依靠周围邻居带来的便利，将自己的生活垃圾随意扔在周边。因此，参照群组当中邻居平均在家居住时间越长，农民自身的生活垃圾年集中处理量会越少。

邻近村庄参照群组中，参照群组成员数量平方在10%置信水平下对村庄的人均生活垃圾年处理量具有显著影响，并且二者之间关系呈倒"U"形。设农民人均生活垃圾年处理量为 Y，参照群组成员数量为 N，则农民的人均生活垃圾年处理量与参照群组成员数量之间的关系为

$$\frac{\partial \ln(Y)}{\partial(N)} = 0.786\,6 - (0.142\,8 \times 2)N \qquad (6\text{-}3)$$

即在其他条件不变的情况下，村庄的人均生活垃圾年集中处理量与参照群组成员数量之间的关系呈倒"U"形变化趋势，村庄的人均生活垃圾年集中处理量在参照群组成员数量为 2.75 时达到最高值。这说明 3 个参照群组成员数量为示范效应的最佳数量，3 个邻近村庄可以达成一种相互学习、相互参照的最佳状态，而一旦超过 3 个村庄，参照群组成员数量越来越多的时候，这种情景效应就会走"下坡路"，互动效应越差。村庄人均生活垃圾年集中处理量会随着参照群组成员数量的增加而减少。

邻近村庄参照群组中，参照群组平均受教育年限在 10%置信水平下对村庄的人均生活垃圾年集中处理量具有显著正向影响。这一结果与邻居参照群组的验证结果相反，说明参照群组的受教育水平对生活垃圾年集中处理量的影响与参照的地域范围有关。在邻居参照范围内，参照群组平均受教育年限对农民生活垃圾年集中处理量具有显著负向影响，在村庄参照范围内，参照群组平均受教育年限对村庄生活垃圾年集中处理量具有显著正向影响。辐射理论中提到，现代化程度以及经济发展水平较高的地区，会向现代化程度以及经济发展水平较低的地区输送人才、资金、劳动力、技术等要素，同时也会促进两地区之间思想观念、生活习惯的传播，提高资源的配置。受教育年限较长的村庄一般经济发展水平相对较高，根据辐射理论，它会与周围经济发展水平相对较低的村庄发生要素转移以及思想观念的传播，从而带动经济发展水平较低的村庄的经济发展，提升其村民的思想素质，加强其环境意识，从而促进村民对生活垃圾的集中处理行为。

3）关联效应分析

邻居参照群组中关联效应表现在农民的受教育年限和在家居住时长方面。邻近村庄参照群组中关联效应表现在家庭成员数量和健康状况方面。

邻居参照群组中，农民的受教育年限在 5%置信水平下对农民人均生活垃圾年集中处理量具有显著正向影响。这与大多数的研究结果一致。文化水平越高，接受能力越好，环境意识越强，对于环境知识的掌握情况越好，越能规范自己对生活垃圾进行合理的处置。因此，文化水平越高，其人均生活垃圾年集中处理量越大。

邻居参照群组中，农民的在家居住时长在 1%置信水平下对其人均生活垃圾年集中处理量具有显著正向影响作用。在农村地区，很多农民会选择外出打工，在农村居住的时间并不长，因此其对村庄内的生活环境关注较少，受其影响较小，与农村感情淡薄，很可能将生活垃圾随意丢弃。而在家居住时间较长的村民，受周边生活环境的影响也大，与农村感情较为深厚，关联较为密切，对其周围环境也较为爱护，因此这部分人对生活垃圾的集中处理量也会越多。

邻居参照群组中，家庭成员数量对人均生活垃圾年集中处理量有负向影响。农村地区普遍存在"男主外，女主内"的传统思想，在调查过程中，我们也发现，农村的生活垃圾处理大多是家庭妇女负责，当问及男性调查对象生活垃圾处理相关问题时，他们通常要询问妻子，并表示自己不清楚。家庭人口越多，产生的垃圾数量越多，然而却无人帮忙分担垃圾处理的任务，难免导致垃圾随手乱扔的情况，从而使生活垃圾处理量减少。

邻近村庄参照群组中，村庄家庭成员数量对村庄人均生活垃圾年集中处理量在 5%置信水平下具有显著负向影响作用。家庭成员数量侧面反映了一个村庄的人口数量，这说明，村庄人口越多，人均生活垃圾年集中处理量越少，村庄人口越庞大，其生活垃圾处理状况越差。目前农村地区的公共基础设施建设较为匮乏，生活垃圾处理设施总体还不完备，村庄人口越多，生活垃圾产生量越大，在缺乏完备的处理设施以及制度规范的条件下，农民会选择最方便的处理方式，将生活垃圾随意丢弃。因此，家庭成员数量越多，村庄的人均生活垃圾年集中处理量越少。

邻近村庄参照群组中，村庄人口的健康状况对人均生活垃圾年集中处理量在 1%置信水平下具有显著正向影响作用。农民身体越健康，其人均生活垃圾年集中处理量越多。身体的健康状况直接影响生活垃圾处理行为，生活垃圾的收集、整理、处理需要耗费体力、精力及时间，而这些都需要良好的身体素质这一基本条件。身体越健康，处理生活垃圾所投入的时间、精力越多，其人均生活垃圾年集中处理量也会越多，所以身体健康状况对人均生活垃圾年集中处理量具有显著正向影响。

邻近村庄参照群组中显示，村庄人口的受教育年限对村庄人均生活垃圾年集中处理量具有负向影响，即一个村庄的人口受教育水平越高，其生活垃圾年集中处理量越少。参照范围越大，受教育年限对生活垃圾处理行为的影响反而呈负向影响，出现这一现象的原因有待深入探讨。

6.4 本章小结

本章笔者基于社会互动理论，运用 Manski 模型分别对邻居群组及邻近村庄群组进行了互动效应检验。结果证明了邻居群组之间存在内生互动效应、情境互动效应、关联效应，而邻近村庄群组之间仅存在情境互动效应及关联效应。这说明当参照群组的范围扩大到村庄时，内生互动效应便会消失。互动效应会随着参照群组范围的变化产生变化。

情境互动效应中，邻居参照群组和邻近村庄参照群组中，参照群组平均受教育年限对人均生活垃圾年集中处理量都有显著影响，但作用方向相反，说明情境互动效应随着参照群组范围的变化也会发生变化。但年龄与人均生活垃圾年集中处理量之间都呈倒"U"形关系，这说明年龄对人均生活垃圾年集中处理量的影响较为固定。

关联效应中，邻居参照群组的关联效应表现在受教育年限及在家居住时长方面，且二者对人均生活垃圾年集中处理量具有显著正向影响。而邻近村庄参照群组的关联效应表现在家庭成员数量和健康状况方面，且二者对人均生活垃圾年集中处理量具有显著正向影响。这说明，关联效应会随着参照范围的变化而变化。在较小的参照范围内，关联效应主要表现在相同的个体特征方面，如受教育水平及在家居住时长；在较大的参照范围内，关联效应主要表现在相同的地区特征，如人口数量及健康状况。

通过本章的分析，改善农村生活垃圾治理情况，应着重注意对参照群组范围的考量。此外，教育、健康状况及家庭人口数量也是影响农民生活垃圾处理行为的重要因素。改善农村环境，提升生活垃圾治理效率应从以上几方面着力施策。

7

福建省农村环境治理公众参与实证研究

　　以调研所获数据和资料为基础，运用基本的描述统计分析，对农村居民参与行为现状进行分析。课题组于 2017 年 6—10 月对福建省农村环境治理情况进行了实际调研。调研地覆盖福建省福州市、三明市等地区。在调研过程中不仅对农村居民进行了问卷调查，而且在实际调研过程中对农村环境问题有了较为直观的认识。

　　首先对样本基本情况进行统计分析，结果如表 7-1 所示。从性别看，受访农民男性略多于女性，较符合我国男女性别比例。从年龄看，年龄越大，样本所占比重越大，其中以 60 岁以上人口所占比重最大。现阶段，随着城乡之间劳动力转移现象频繁，大量农村劳动力从农村转向城市以获得更高的收入，但是由于城乡之间仍存在较高的壁垒，农村居民无法举家迁移到城市，因此，随着青壮年劳动力外流现象的加剧，农村出现越来越多的留守儿童与老人，因此，样本所显示的年龄偏大符合目前中国农村的实际情况。就受教育程度而言，随着受教育程度的提升，样本所占比重越小，表明目前受访农民受教育程度较低，其中，学历程度为初中及以下的受访农民占总样本量的 88.59%。其原因可能在于以下两个方面：首先，农村教育程度偏低，这是目前我国存在的客观现实；其次，受到较高水平教育的农民纷纷外出，或暂留于城市打工，或迁移到城市，造成农村常住人口教育水平相对较低。从村干部与党员情况来看，受访农民以普通农民为主，一定程度上表明了问卷的真实有效。

表 7-1 受访农民基本情况

项目		频数/人	频率/%	项目		频数/人	频率/%
性别	男	161	54.03	政治面貌	党员	33	11.07
	女	137	45.97		群众	265	88.93
婚姻	已婚	281	94.30	村干部	是	27	9.06
	未婚	17	5.70		否	271	90.04
受教育程度	小学及以下	156	52.35	年龄	40 岁以下	43	14.43
	初中	108	36.24		40～50 岁	66	22.15
	高中	25	8.39		50～60 岁	79	26.51
	大学及以上	9	3.02		60 岁以上	110	36.91

7.1 农村环境治理现状

7.1.1 农村环境问题现状

习近平总书记于 2000 年提出了建设生态省的战略构想。经过历届政府的努力，福建省的生态建设取得了积极成效，生态环境质量优良。但是，在实际调研过程中发现，福建省农村仍然存在着环境污染问题（表 7-2）。据村民反映，环境污染问题主要集中于污水处理、家禽养殖污染与垃圾随意堆放等，并且环保设施不完善。

表 7-2 村庄环境问题

市	县（区）	村庄存在的问题
福州市	闽清县	家禽放养影响环境卫生；垃圾随意焚烧；污水未经处理直排；垃圾处理设施不合理
宁德市	古田县	即使存在污水处理系统，污水也未经处理直排；垃圾桶放置距离不合理；村民将垃圾投入河流；菌类加工工厂污染
三明市	沙县	污水未经处理直接排放到河流当中；养殖业污染较严重；造纸工厂污染

市	县（区）	村庄存在的问题
龙岩市	新罗区	水质差；工厂污染较严重；垃圾随意堆放；污水处理较差；偏远山村无整治工程
	永定区	家禽放养造成污染；垃圾清理频率不高；随意排放污水，环境卫生设施不完善；旅游开发造成环境污染；生活垃圾随意堆放
南平市	延平区	垃圾清理频率不高；污水无人处理；家禽放养造成污染
	武夷山	饮用水水质差；污水处理不满意；工厂污染

事实上，农村环境治理已经取得了一定的成效，具体表现为在处理生活生产垃圾方面，村民的行为有了较大的提升。首先，在厨余垃圾处理方面，农村村民一改之前随意丢弃的方式，48.47%的村民表示会将厨余垃圾直接扔进垃圾桶，44.66%的村民表示会将其作为饲料用于喂养家禽家畜。在农药瓶处理方面，村民均表示，"之前在用完农药之后，农药瓶子直接扔在山上或者扔进河里，也没人回收"，而现在，农药瓶都不会直接丢弃，而是选择扔进垃圾桶。在废弃塑料瓶与纸箱方面，生活水平的提升使得废弃塑料瓶的数量有所增加，而网购在全国范围内的发展也导致废弃纸箱的数量大幅提升。29.66%的村民表示会将废弃塑料瓶直接扔进垃圾桶，63.50%的村民则选择出售。村民表示最近半年（2017年）出售的数量有所提升，"之前收的价格太低了，以前塑料瓶1斤才1～2分钱，现在1个都能卖到1分钱，价格低的时候都懒得卖，家里的这些东西都不多，卖的时候还嫌麻烦"。而在生活用水处理方面，由于村里基本上接上了自来水并安上了污水处理设施，生活用水基本都会选择排到下水道或者排水渠。但是村民认为，"虽然目前的处理方式有所改善，但是污水并没有得到处理，因为最后污水全都排到河里了。虽然村中建有污水处理厂，但是污水处理设施较少启用，河流污染还是比较严重"。

7.1.2 农村居民满意度分析

在调研过程中对农村居民的满意程度进行了统计分析，结果如表7-3所示。满意度测量采取李克特量表予以分析，从1～5分别表征不满意至满意。农村居民对于总体的环境表示满意，但满意度仍有待提升。就各个环境治理服务项目而言，村民满意度稍高于均值。其中，满意度最高的是生活垃圾处理项目，满意度最低的为公园生态工程建设。原因在于生活垃圾处理是环境治理中最基本的内容，容易在农村进行覆盖，效果更为明显。在对村委会、乡镇政府的环境工作满意度方面，农村居民对乡镇政府的满意度要高于村委会的满意度。原因在于农村居民更能感受到乡镇政府工作所取得的成就。受访村民大多表示进行治理项目的资金都是由政府拨款，村委会缺乏资金，同时农村居民对村委会成员表现出极大的不信任，部分村庄的村干部长期不在本村居住，忽视对本村事务的管理，导致农村居民对其工作的极大不满意。在部分村庄，当地村民有因环境污染或相关问题向政府上访的经历，但是他们表示"即使有人来查，也查不出什么问题。反而那些上访的村民会受到村干部的关注"。可见，村民与村委会之间并非合作的关系。很多村民也表示"希望上级政府能够派出更有能力的村干部"，充分表现出村民对村委会的不满及对政府的依赖。

表 7-3　农村居民满意度调查

项目	满意度	均值	最小值	最大值
农村环境满意度	3.707	3	1	5
生活垃圾处理	3.893	3	1	5
生活污水处理	3.398	3	1	5
畜禽养殖污染处理	3.574	3	1	5
农药农膜污染防治	3.439	3	1	5
公园生态工程建设	3.268	3	1	5
饮水安全工程	3.462	3	1	5
乡镇政府环境工作满意度	3.612	3	1	5
村委会环境工作满意度	3.393	3	1	5

7.1.3　农村环境治理特征

政府在推动环境治理中发挥着重要作用。根据调研数据，农村居民普遍表示以前农村垃圾处理、污水处理均无人管理，农村生活垃圾全部由村民自行处理。但是现在，村庄环境问题基本上由村委会或者政府进行管理，而其中政府发挥主要作用。首先，垃圾桶、污水处理厂以及公园生态工程建设等环保设施基本是由政府出资建设。其次，日常营运中政府也发挥了较大的作用。当问及农村居民生活垃圾由谁负责清运？村民大多表示"负责处理的并不是本村的人，而是由镇政府出资雇人处理，每两天来村子里清理一次垃圾桶"。最后，从调研所获资料来看，农村居民认为村委会成员不重视环境问题的解决，"河水发臭、垃圾乱倒等问题都没有人管"，农村居民在环保方面仍依赖于政府。

农村居民参与程度较低。目前农村环境治理中，农村居民较少真正参与到环境治理过程当中。当问及"目前农村环境治理模式"时，没有受访者选择村民参与的模式。具体而言，75.5%的村民表示不清楚或者不知道村中是否开展过环境治理项目，而在这 75.5%的农村居民中，只有 9.59%的村民表示了解环境治理项目的相关内容（实际调研中共走访了 35 个开展过环境治理项目的村落，占总调研村落的 63.63%）；在意见征询方面，74.8%的村民表示没有参与过环境意见征求会。此外，只有 31.87%的农村居民表示主动向政府、村委会提出过有关环境治理的意见，继而，问及提出的意见是否被采纳，只有 23.16%的村民表示意见被采纳。公众参与不仅是政府推动的结果，社会组织在其中也发挥着重要作用，但是据调研数据统计，只有 6.37%的居民表示见过民间环保团体与环保志愿者，表明在农村，环保领域的社会组织极度不发达。那么，农村居民能否自己组织起来开展环境治理呢？40.9%的农村居民认为可行，并愿意参与，但是目前只有 23.15%的农村居民在实际中参与了农村居民自己组织的环境治理活动。当问及农村居民是否愿意为环境治理付费，所得数据如表 7-4 所示。村民付费意愿较低，大部分环境治理项目的付费意愿低于 50%，其中最愿意付费的项目为生活垃圾处理项目和饮水安全项目。不同项目的人均付费额度从表 7-4 中可以体现，其中，对于公园生态与饮水安全的付费额度最高。

表7-4　农村居民付费意愿与付费额度

项目	愿意付费比例/%	人均付费额度/元
生活垃圾	55.22	75.21
生活污水	43.10	56.27
畜禽养殖污染	25.59	37.91

项目	愿意付费比例/%	人均付费额度/元
农药防治	33.67	25.02
公园生态	44.44	147
饮水安全	48.48	116.83

目前在农村环境治理中，政府仍然发挥着主要的作用，农村居民的参与程度相对较低。接下来，将对农村居民的实际参与行为进一步进行分析。

7.2 农村居民环境治理参与现状

调研共涉及福建省福州、宁德、三明、南平、龙岩 5 个城市 65 个村庄，共得到问卷 285 份。其中调查内容包括农民个人与家庭基本情况、生活垃圾处理情况、环境治理公共工程及满意度调查情况、主观认知状况情况、农民对自己的角色定位、村中制度建设情况、村庄社会资本与农民行为表现、农民参与意愿调查、农民参与行为调查、生活垃圾处理成本与收益情况。

7.2.1 农民个人与家庭基本情况

在调查的受访对象中，家庭成员数量主要集中在 4～6 口，占比为 60.14%，平均家庭人口数量为 4.93 人。其中，5 口的家庭有 68 人，占比最多。1 口的家庭只有 7 人，占比最少。

家庭常住人口数量主要集中在 2～4 口，占比为 66.91%，平均家庭常住人口数量为 3.20 人。通过表 7-5 我们可以观察到，家庭常住人口数量比家庭总成员数量少 2 人，这是因为在调查的农村当中，大部分家庭会有人口外出务工，所以常住人口数量会比总成员数量少。

表 7-5　农民个人与家庭基本情况

家庭成员数量/人	频数/个	百分比/%	常住人口/人	频数/个	百分比/%
1	7	2.49	1	16	11.76
2	32	11.39	2	49	36.03
3	22	7.83	3	23	16.91

家庭成员数量/人	频数/个	百分比/%	常住人口/人	频数/个	百分比/%
4	55	19.57	4	19	13.97
5	68	24.20	5	9	6.62
6	46	16.37	6	10	7.35
7	30	10.68	7	7	5.15
8	8	2.85	8	2	1.47
>8	13	4.63	>8	1	0.74
平均人口/人	4.93		平均人口/人	3.20	

　　调查对象的年龄大部分集中在40～69岁，占比为73.47%，最小年龄为19岁，最大为82岁。其中60岁及以上人群占比为39.45%，留在农村的常住人口中有40%是老年人口，中青年人口大部分外出务工，这进一步说明了农村目前"空巢老人"现象严重（表7-6）。

表7-6　调查对象年龄分布

年龄/岁	频数/人	百分比/%
20 以下	1	0.34
20～29	10	3.40
30～39	22	7.48
40～49	48	16.33
50～59	97	32.99
60～69	71	24.15
70～79	36	12.24
80 以上	9	3.06

　　调查对象中男性占比为53.33%，女性占比为46.67%，受访对象中男性比例要高于女性比例。其中已婚人群占比为95.07%，未婚人群占比为4.93%，已婚人群占比远超未婚人群（表7-7）。

表7-7　调查对象性别、婚姻状况

性别	频数/人	百分比/%	婚姻状况	频数/人	百分比/%
男	152	53.33	已婚	270	95.07
女	133	46.67	未婚	14	4.93

调查对象当中，有将近 14.43%的人没有受过教育，超过半数的人群受教育程度为小学文化水平，将近 10%的受访对象受教育程度是高中文化水平。大专及以上文化水平的仅占 3%左右。总体来说，受访地区的农民文化程度偏低，超过半数的人文化水平在小学以下。要改善农村环境，提高农民环境参与度，必须提高农民的环保意识和参与意识，提高其受教育水平（表 7-8）。

表 7-8　调查对象受教育情况

受教育程度/a	频数/人	百分比/%
0	43	14.43
1～6	112	37.58
7～9	108	36.24
10～12	25	8.39
13～15	7	2.35
15 以上	3	1.01

调查对象当中，绝大部分不是村干部，村干部比例仅为 9.12%；绝大部分也不是党员，党员比例仅占 10.88%。村干部与非村干部比例和党员与非党员比例大体一致，这一定程度上说明了农村的村干部大部分都是从党员中选出的（表 7-9）。

表 7-9　调查对象是否为村干部

	频数/人	百分比/%		频数/人	百分比/%
村干部	26	9.12	党员	31	10.88
非村干部	259	90.88	非党员	254	89.12

在调查中发现目前农民的主要工作不仅仅是种植业，还有建筑业、住宿餐饮、批发零售等其他行业。随着农村经济水平的提升，农民的经济收入也比之前有了提高，农民对于第三产业的需求也有了较大提升，所以除第一产业之外，第三产业的服务业在农村也开始发展起来。由于目前留在农村的以老年人居多，所以没有工作的比例占了 1/4（表 7-10）。

表 7-10 调查对象从事行业情况

行业	频数/人	百分比/%	行业	频数/人	百分比/%
种植业	71	24.91	建筑业	18	6.32
林业	3	1.05	交通运输业	4	1.40
畜牧业	3	1.05	仓储邮政业	1	0.35
渔业	6	2.11	批发零售业	38	13.33
采矿业	0	0	住宿餐饮业	19	6.67
制造业	8	2.81	其他	58	20.35
电力燃气业	0	0	无	56	19.65

通过调查我们可以发现，农村中大部分人的健康水平集中于一般和比较好两个等级。健康状况非常好的占 1/5 的比例，非常差的占 1/50 的比例，比较差的占 1/10 的比例（表 7-11）。

表 7-11 调查对象健康状况

健康状况	频数/人	百分比/%
非常差	5	1.76
比较差	31	10.92
一般	66	23.24
比较好	126	44.37
非常好	56	19.72
平均分	3.69	

在项目村庄当中，知晓项目的仅占 30%，不知晓的占 70%，项目村庄的大部分人都不知道有环境治理的项目，这会大大影响项目实施的效果。说明政府以及村委会对项目的宣传力度不够，也说明农民对环境项目的关注度有待提升（表 7-12）。

表 7-12 调查对象对项目知晓程度

项目村	频数/人	百分比/%	非项目村	频数/人	百分比/%
知晓项目	42	30.22	知晓项目	26	19.26
不知晓	97	69.78	不知晓	109	80.74

非项目村庄知晓项目的人占比更少，仅占 19.26%，不知晓的人数占了绝大部分。说明项目村庄对于环境项目的知晓情况还是比非项目村庄稍微好一些。

项目村庄距离城镇的距离有将近一半的农民反映在 0～5 km，将近 1/4 的人反映在 5～10 km，15.75% 的人反映在 10 km 以上，平均距离城镇距离为 6.54 km；非项目村 40% 的人反映在 0～5 km，将近 40% 的人反映在 5～10 km，16.8% 的人反映在 10 km 以上，平均距离城镇的距离为 6.9 km。由此可以看出，项目村庄距离城镇的平均距离较非项目村庄略微近一点，项目村和非项目村的选择与到城镇距离关系不大（表 7-13）。

表 7-13　调查对象距城镇距离

项目村庄			非项目村庄		
距城镇距离/km	频数/人	百分比/%	距城镇距离/km	频数/人	百分比/%
0<S≤5	60	47.24	0<S≤5	51	40.80
5<S≤10	31	24.41	5<S≤10	45	36.00
10<S≤15	9	7.09	10<S≤15	14	11.20
15<S≤20	7	5.51	15<S≤20	4	3.20
>20	4	3.15	>20	3	2.40
平均值/km	6.54		平均值/km	6.9	

可以看出项目村庄的家庭总收入和家庭总支出，在项目实施之后均有所上涨，但是农业总收入有所下降，项目实施之前家庭农业总收入占家庭总收入的比重为 25.25%，项目实施之后占比为 19.04%，农业收入的比重有较大幅度的下降，说明从事农业的人口下降了；项目实施之前家庭总支出占家庭总收入的比重为 48.82%，项目实施之后比重变为 50.71%，一定程度上说明农民的消费需求逐渐上涨，实际收入水平下降。非项目村庄家庭总收入、家庭总支出在项目实施之后都有所上升，但是农业总收入却有所下降，项目实施之前农业总收入占家庭总收入的比重为 8.77%，项目实施之后农业总收入占比上涨到了 9.06%，说明非项目村总体上从事农业的人口增多；项目实施之前家庭总支出占家庭总收入的比重为 43.05%，项目实施之后占比为 53.68%，一定程度上说明非项目村庄农民消费需求也有较大提升（表 7-14）。

表 7-14　调查对象家庭收入情况　　　　　　　　单位：万元

	项目村庄				非项目村庄		
	家庭总收入	家庭农业总收入	家庭总支出		家庭总收入	家庭农业总收入	家庭总支出
T1 平均值	5.94	1.50	2.90	T1 平均值	6.04	0.53	2.60
T2 平均值	7.77	1.48	3.94	T2 平均值	5.85	0.53	3.14

总体来说，项目村庄在项目实施之前的家庭总收入略低于非项目村，但是项目实施之后项目村的家庭总收入上涨幅度高于非项目村。而且项目村庄的支出水平一直高于非项目村。

7.2.2　垃圾处理情况

总体来看，项目村庄的厨余垃圾重量比非项目村庄重，项目村庄在项目实施之后平均厨余垃圾重量增加了，而非项目村庄在项目实施之后的同一时期厨余垃圾也有所增多。但这并不能说明项目的实施没有作用，因为随着生活水平的提高，农民生活条件也比之前好了很多，对于剩饭剩菜没有之前那么重视了，而且养殖家禽也比之前减少了，剩饭剩菜自然会多出。项目村庄厨余垃圾的增长率为6.29%，而非项目村增长率为4.84%，说明项目的实施一定程度上会增加厨余垃圾的重量，项目的实施不无效果（表 7-15）。

表 7-15　厨余垃圾平均重量　　　　　　　　单位：kg/d

	项目村庄	非项目村庄
T1	0.715	0.62
T2	0.760	0.65

项目村在项目实施之前的厨余垃圾处理主要集中在直接扔进垃圾桶和当作饲料这两种方式，占比最多的46.15%为当作饲料，其次是直接扔进垃圾桶，占比为40.77%，随意丢弃的占比为 9.23%，说明项目村庄的村民在项目实施之前对垃圾处理的方式较为合理；项目实施之后直接扔进垃圾桶的占比增加，随意丢弃的人

数明显减少，但是并没有完全消失。分类扔进垃圾桶的比例巨幅增加，说明环境治理项目的实施在规范农民处理垃圾方面成效显著（表 7-16）。

表 7-16　厨余垃圾处理方式统计

项目村庄				
	T1		T2	
处理方式	频数/人	百分比/%	频数/人	百分比/%
随意丢弃	12	9.23	3	2.26
直接扔进垃圾桶	53	40.77	68	51.13
分类扔进垃圾桶	1	0.77	60	45.11
饲料	60	46.15	2	1.50
其他	4	3.08	0	0

非项目村庄				
	T1		T2	
处理方式	频数/人	百分比/%	频数/人	百分比/%
随意丢弃	18	14.88	3	2.36
直接扔进垃圾桶	36	29.75	57	44.88
分类扔进垃圾桶	3	2.48	7	5.51
饲料	57	47.11	57	44.88
其他	7	5.79	3	2.36

　　非项目村在项目实施之前的厨余垃圾处理主要集中在随意丢弃、直接扔进垃圾桶和当作饲料这 3 种处理方式。由于非项目村养殖家禽的农民较多，所以一般农民选择将厨余垃圾当作饲料，项目实施之后，随意丢弃的人大幅下降，直接扔进垃圾桶的人比例比之前大幅度上升。分类扔进垃圾桶的比例也上升了 1 倍左右，但占比仍然较小。当作饲料的比例略有下降。

　　对比项目村和非项目村，发现无论是项目实施之前还是项目实施之后，项目村的厨余垃圾处理方式都比非项目村更为合理，项目村之所以成为项目村，可能原本的环境状况相对较好，村民素质相对较高，所以才会选其作为项目村试点。而且项目村在项目实施之后处理方式变化显著，说明项目的实施效果非常好。

　　可以看出，项目村庄的农药瓶使用量在项目实施之前略高于非项目村。项目村庄和非项目村庄在项目实施之后的农药瓶数量均有所增长。联系上文提到的家庭农业总收入，项目村庄的农业收入有所下降，而非项目村农业收入基本没变，所以项目村庄的农药使用量上升较少，而非项目村上升较多（表7-17）。

表 7-17　农药瓶平均数量　　　　　　　　　　单位：个/a

	项目村庄	非项目村庄
T1	6.70	4.91
T2	6.99	7.35

项目实施之前项目村的农药瓶处理方式主要是随意丢弃和直接扔进垃圾桶，占比90%以上。项目实施之前随意丢弃的处理方式占比高于直接扔进垃圾桶，项目实施之后直接扔进垃圾桶的处理方式占比高于随意丢弃。项目的实施，对农民环保意识的提高有一定的作用（表7-18）。

表 7-18　农药瓶处理方式统计

项目村庄				
	T1		T2	
处理方式	频数/人	百分比/%	频数/人	百分比/%
随意丢弃	44	56.41	32	45.07
直接扔进垃圾桶	28	35.9	33	46.48
分类扔进垃圾桶	1	1.28	2	2.82
出售	2	2.56	2	2.82
其他	3	3.85	2	2.82
非项目村庄				
	T1		T2	
处理方式	频数/人	百分比/%	频数/人	百分比/%
随意丢弃	50	72.46	26	43.33
直接扔进垃圾桶	18	26.09	30	50
分类扔进垃圾桶	0	0	0	0
出售	0	0	1	1.67
其他	1	1.45	3	5

非项目村的农药瓶主要处理方式在项目实施前后变化较大。项目实施之前，随意丢弃占主要地位，72%的农民会选择随意丢弃；项目实施之后，随意丢弃的处理方式占比下降到了43%，仅有43%的农民会随意丢弃，一半的农民会将农药瓶扔进垃圾桶。非项目村庄对于农药瓶的处理比之前有较大的改观。

从调查结果来看，项目村庄的塑料瓶年平均使用量比非项目村庄高一些。项目实施之后，项目村和非项目村的塑料瓶年平均使用量都比之前有提高，项目村塑料瓶使用量上涨了23.45%，非项目村上涨了24.11%，但从总量来看，项目村的消费需求远超非项目村，这也一定程度上说明了项目村的经济发展情况较非项目村好一些（表7-19）。

表 7-19　塑料瓶平均数量　　　　　　　　　　　　　　　　单位：个/a

	项目村庄	非项目村庄
T1	238.59	179.41
T2	294.54	222.67

项目实施之前，项目村庄对塑料瓶的处理方式主要是直接扔进垃圾桶和出售给废品收购站，大部分是出售给废品收购站，也有部分人会将塑料瓶随意丢弃。项目实施之后的处理方式并无太大变化，随意丢弃、直接扔进垃圾桶和焚烧的比例稍有下降，出售给废品收购站的稍有上升（表7-20）。

表 7-20　塑料瓶处理方式统计

项目村庄				
	T1		T2	
处理方式	频数/人	百分比/%	频数/人	百分比/%
随意丢弃	7	5.56	4	3.10
焚烧	1	0.79	1	0.78
直接扔进垃圾桶	33	26.19	33	25.58
分类扔进垃圾桶	2	1.59	2	1.55
出售给废品收购站	81	64.29	87	67.44
其他	2	1.59	2	1.55

非项目村庄				
	T1		T2	
处理方式	频数/人	百分比/%	频数/人	百分比/%
随意丢弃	14	11.86	3	2.40
焚烧	3	2.54	4	3.20
直接扔进垃圾桶	26	22.03	36	28.80
分类扔进垃圾桶	1	0.85	2	1.60
出售给废品收购站	72	61.02	77	61.60
其他	2	1.69	3	2.40

项目实施之前，非项目村庄塑料瓶的主要处理方式也是直接扔进垃圾桶和出售给废品收购站。大部分是出售给废品收购站。项目实施之后，塑料瓶直接扔进垃圾桶的占比有所上升，出售给废品收购站的变化不明显，随意丢弃的比例有所下降。

总体而言，项目村对于塑料瓶的处理要优于非项目村。而且项目实施前后的对比变化也比非项目村变化大，说明项目的实施起到了一定的效果。

从表 7-21 可以看出，项目村庄的废旧纸箱年平均使用量一直远超非项目村庄。项目实施之后项目村庄和非项目村庄废旧纸箱的使用量均有所上升。废旧纸箱使用量的上升也一定程度上说明了农民的消费需求逐渐上升。

表 7-21　废旧纸箱平均重量　　　　　　　　　　　　　　单位：kg/a

	项目村庄	非项目村庄
T1	39.05	24.32
T2	34.35	28.65

关于废旧纸箱的处理大体跟塑料瓶的处理相似。项目实施前项目村的主要处理方式是直接扔进垃圾桶和出售给废品收购站，主要是出售。项目实施之后，扔进垃圾桶的处理方式稍有变，出售给废品收购站的有所上涨。

项目实施前，非项目村庄对废旧纸箱的主要处理方式是直接扔进垃圾桶和出售给废品收购站，绝大部分是出售给废品收购站。项目实施之后，直接扔进垃圾桶的比例稍微有所上涨，出售给废品收购站的比例也略有上涨，但是基本没变（表 7-22）。

表 7-22 废旧纸箱处理方式统计

	项目村庄			
	T1		T2	
	频数/人	百分比/%	频数/人	百分比/%
随意丢弃	2	1.63	0	0
焚烧	3	2.44	1	0.78
直接扔进垃圾桶	20	16.26	21	16.41
分类扔进垃圾桶	1	0.81	1	0.78
出售给废品收购站	91	73.98	100	78.13
其他	6	4.88	5	3.91
	非项目村庄			
	T1		T2	
	频数/人	百分比/%	频数/人	百分比/%
随意丢弃	9	7.96	3	2.48
焚烧	3	2.65	1	0.83
直接扔进垃圾桶	16	14.16	24	19.83
分类扔进垃圾桶	0	0	1	0.83
出售给废品收购站	84	74.34	90	74.38
其他	1	0.88	2	1.65

综上所述，凡是可以出售的可回收垃圾，无论项目村还是非项目村处理方式在项目实施前后变化不大。这是因为这些垃圾是可以出售卖钱的，农民可以从中获取收益，所以大部分会选择卖掉。项目的实施主要体现在基础设施上，所以对于这些可回收垃圾的处理，村民的处理方式并无太大变化。

项目村庄与非项目村庄的塑料袋每天平均使用量大致相同，在项目实施之后平均使用数量都有所上涨。项目村庄的使用量略高于非项目村庄（表 7-23）。

表 7-23　塑料袋平均使用数量　　　　　　　　单位：个/d

	项目村庄	非项目村庄
T1	2.81	2.33
T2	3.25	3

　　项目实施前，项目村庄的塑料袋处理方式主要集中于随意丢弃、焚烧和直接扔进垃圾桶，焚烧的处理方式占比最多。项目实施之后，焚烧和直接扔进垃圾桶的处理方式比例有所上升，随意丢弃的方式比例下降。这可能与农民的环境意识不足有关，他们认为焚烧也是一种比较有效的垃圾处理方式，所以会有很多人选择焚烧。

　　项目实施前，非项目村庄塑料袋的处理方式主要集中在随意丢弃、焚烧和直接扔进垃圾桶，焚烧的方式占据将近一半的比例。项目实施之后，焚烧的比重继续增加，随意丢弃的方式减少，直接扔进垃圾桶的方式比例略有增加。可见农民的环保意识比较缺乏，政府或村委会应当积极宣传环境保护知识，提高农民的环境意识（表 7-24）。

表 7-24　塑料袋处理方式统计

项目村庄				
	T1		T2	
	频数/人	百分比/%	频数/人	百分比/%
随意丢弃	21	15.67	9	6.62
焚烧	69	51.49	71	52.21
直接扔进垃圾桶	28	20.9	45	33.09
分类扔进垃圾桶	14	10.45	9	6.62
出售给废品收购站	2	1.49	2	1.47
非项目村庄				
	T1		T2	
	频数/人	百分比/%	频数/人	百分比/%
随意丢弃	28	22.76	13	10.24
焚烧	56	45.53	67	52.76
直接扔进垃圾桶	27	21.95	39	30.71
分类扔进垃圾桶	9	7.32	4	3.15
出售给废品收购站	3	2.44	4	3.15

对比可见，在塑料袋的处理上，项目村与非项目村并无太大区别。说明项目的实施对于农民的环保意识并没太大改变，改变的更多的是基础设施，这是项目实施的一个不足之处。只有从根本上改变农民的环境意识，才能使项目发挥更好的作用。

经调查发现，所有调查对象的其他投入在项目实施之后较之前都有所增加。农村基础设施的发展和经济水平的提高，使得农民在垃圾处理方面的其他投入都有上升（表 7-25）。

表 7-25 其他投入

项目村庄				
	平均垃圾桶数量/个	平均垃圾桶市场价/（元/a）	平均垃圾袋花费/（元/a）	平均到垃圾点距离/m	平均到垃圾点时间/min
T1	2.22	7.23	11.10	81.59	2.06
T2	3.12	11.74	15.54	98.26	2.17
非项目村庄				
	平均垃圾桶数量/个	平均垃圾桶市场价/（元/a）	平均垃圾袋花费/（元/a）	平均到垃圾点距离/m	平均到垃圾点时间/min
T1	2.28	9.13	11.04	48.42	1.43
T2	3.19	14.19	15.14	63.1	1.62

通过项目村与非项目村平均到垃圾点距离的对比，可以发现，项目村庄垃圾点反而会比非项目村庄更远一些。这是因为在非项目村庄，很多农民反映他们会把垃圾直接倒在路边或者河里，这样一来，农民会选择自己方便的地方随意丢弃垃圾，所以会出现项目村到垃圾点的距离远于非项目村。

7.2.3 对处理方式的评价

项目村庄村民的自我评价，在项目实施之前大部分都对自己的处理方式不太满意，但项目实施之后，绝大部分都对自己目前的处理方式比较满意。这一变化说明项目的实施确实一定程度上改善了项目村庄的生活垃圾处理情况。

非项目村庄在项目实施前的同一时期，大部分村民都对自己的生活垃圾处理方式不太满意，项目实施之后，绝大部分村民都对目前的处理方式比较满意。非项目村庄在这期间虽然并没有实施农村环境连片整治项目，但是可能会有一些其他方面的改善环境的措施，使得农村环境相比之前有较大改善（表 7-26）。

表 7-26　自我评价

| | 项目村庄 | | | | 非项目村庄 | | | |
| | T1 | | T2 | | T1 | | T2 | |
	频数/人	百分比/%	频数/人	百分比/%	频数/人	百分比/%	频数/人	百分比/%
非常不合理	19	13.01	1	0.68	35	26.12	4	2.96
较不合理	36	24.66	1	0.68	25	18.66	2	1.48
一般	33	22.6	23	15.75	27	20.15	19	14.07
较合理	44	30.14	79	54.11	38	28.36	74	54.81
非常合理	14	9.59	42	28.77	9	6.72	36	26.67

对比项目村庄和非项目村庄，项目实施之前，非项目村庄的不满意比例高于项目村庄；但在项目实施之后，非项目村庄的满意度提升幅度高于项目村庄。这一定程度上说明了非项目村庄的项目实施力度或改善程度相对较大。

关于不良影响，大部分村民都认为没有什么不良影响。项目村庄在项目实施之前 70%以上的人都认为没有什么太大影响，项目实施之后认为没什么影响的人增加到 90%以上。非项目村庄在项目实施之前将近 80%的人认为没什么影响，项目实施之后基本所有人都认为没什么影响。对比项目村和非项目村，非项目村对自己处理生活垃圾的评价较高，认为没有什么不良影响的人要比项目村庄多（表 7-27）。

表 7-27　不良影响评价

| | 项目村庄 | | | | 非项目村庄 | | | |
| | T1 | | T2 | | T1 | | T2 | |
	频数/人	百分比/%	频数/人	百分比/%	频数/人	百分比/%	频数/人	百分比/%
没有影响	58	39.46	94	63.51	71	52.24	96	71.11
影响较小	21	14.29	28	18.92	17	12.69	25	18.52
一般	29	19.73	18	12.16	16	11.94	8	5.93
影响较大	31	21.09	5	3.38	23	17.16	3	2.22
影响非常大	8	5.44	3	2.03	8	5.97	3	2.22

总体来看，不管是哪种处理生活垃圾的方式大部分村民都认为没有什么负担，项目实施之前的处理方式无外乎是扔到河里或者焚烧，这些仅仅只是走几步路或者烧一把火，对于村民来说构不成负担。项目村庄在项目实施之前仅有少部分人认为有负担，项目实施之后全部的受访对象都认为没有非常大的负担。非项目村庄在项目实施之前与项目实施之后的负担评价并没有太大变化。

对比项目村和非项目村，非项目村庄的负担评价稍微高一些（表 7-28）。

表 7-28　负担评价

	项目村庄				非项目村庄			
	T1		T2		T1		T2	
	频数/人	百分比/%	频数/人	百分比/%	频数/人	百分比/%	频数/人	百分比/%
几乎没有负担	96	66.21	113	77.93	90	67.16	106	78.52
负担较小	23	15.86	19	13.10	20	14.93	18	13.33
一般	14	9.66	12	8.28	12	8.96	6	4.44
负担较大	11	7.59	1	0.69	10	7.46	5	3.70
负担非常大	1	0.69	0	0	2	1.49	0	0

项目村庄的受访对象大部分认为处理垃圾的方式没有什么收益，但是项目的实施，增加了村中垃圾桶的数量，也有专人负责清理，村中环境有所改善，所以认为有较大收益的比例有所上涨。非项目村庄也是大部分人认为处理方式没有什么收益，项目实施之后，认为有收益的比例有所提高（表 7-29）。

表 7-29　收益评价

	项目村庄				非项目村庄			
	T1		T2		T1		T2	
	频数/人	百分比/%	频数/人	百分比/%	频数/人	百分比/%	频数/人	百分比/%
几乎没有收益	104	71.72	78	54.17	100	74.63	75	55.56
收益较小	15	10.34	17	11.81	13	9.70	13	9.63
一般	20	13.79	22	15.28	18	13.43	23	17.04
收益较大	4	2.76	21	14.58	2	1.49	18	13.33
非常有收益	2	1.38	6	4.17	1	0.75	6	4.44

对比两种村庄，项目村的收益评价总体比非项目村要好。但是通过以上调查数据我们也可以发现，项目实施之后与实施之前变化不大，村民对于目前垃圾处理方式的评价不高，可见项目实施的效果并不是很理想。应该加大项目的实施力度，做好项目宣传，积极调动农民参与配合，才能使最后的实施效果更加理想。

7.2.4 污水处理

可以看出，项目村庄与非项目村庄在项目实施之后的用水总量均有提升，但非项目村庄的用水总量一直高于项目村庄（表 7-30）。

表 7-30 用水总量 单位：t/月

	项目村庄	非项目村庄
T1	64.74	69.65
T2	73.94	81.79

调查的大部分地区，厨房用水都是通过下水沟直接排放到河里，很少有村庄修建污水处理厂，所以大部分人的厨房用水都是随意排放，小部分人厨房用水与厕所用水一起通过化粪池处理。项目的实施，使得部分村庄有了污水处理厂，但也只是少数，所以项目实施之后，经污水处理厂排放的比例有所上升，但数量很少；随意排放的比例有所下降，但是占据大部分（表 7-31）。

表 7-31 厨房用水处理方式统计

处理方式	项目村庄		非项目村庄	
	T1/%	T2/%	T1/%	T2/%
经污水处理厂处理后排放	9.35	15.6	9.23	12.78
全部回收利用	0.72	0.71	0	0
部分回收利用	2.16	2.84	3.08	3.76
经化粪池或沼气池处理	14.39	15.6	6.15	8.27
随意排放	73.38	65.25	81.54	75.19

非项目村庄大体情况与项目村庄类似。随意排放占据主导，项目实施之后，非项目村庄随意排放的比例虽有所下降，但也还是主要的处理方式。经化粪池和污水处理厂处理的比例也有所上升，但仍然只是少部分。

整体来看，项目村庄的厨房用水处理方式比非项目村庄稍微合理一些。

洗涤用水处理方式与厨房用水处理方式大体相似。大部分家庭的洗涤用水都是随意排放，经化粪池和污水处理厂排放的占据一小部分。项目实施之后，项目村庄随意排放的比例下降，经化粪池和污水处理厂处理的比例上升；非项目村随意排放的比例也有下降，经化粪池、污水处理厂处理和回收利用的比例也有提升（表 7-32）。

表 7-32　洗涤用水处理方式统计

处理方式	项目村庄		非项目村庄	
	T1/%	T2/%	T1/%	T2/%
经污水处理厂处理后排放	9.93	15.49	9.30	12.78
全部回收利用	1.42	1.41	0	0
部分回收利用	2.84	2.82	3.88	4.51
经化粪池或沼气池处理	14.18	16.20	6.20	9.02
随意排放	70.92	63.38	79.84	72.93
其他	0.71	0.70	0.78	0.75

总体来看，项目村庄的处理方式比非项目村庄的处理方式更加合理。但是非项目村在项目实施之后的变化幅度比项目村大。

项目村和非项目村的处理方式分布大致相同，经化粪池处理的方式占据主导，部分人会选择随意排放，少部分人会经污水处理厂处理后排放。项目实施之后，随意排放比例减少，经化粪池处理比例有所增加，经污水处理厂处理比例也有增加。说明部分村庄修建了污水处理厂，使得卫生间用水处理方式较原来更加合理（表 7-33）。

表 7-33　卫生间用水处理方式统计

处理方式	项目村庄		非项目村庄	
	T1/%	T2/%	T1/%	T2/%
经污水处理厂处理后排放	8.57	13.48	6.87	9.02
全部回收利用	4.29	4.26	1.53	2.26
部分回收利用	2.14	2.13	2.29	1.50
经化粪池或沼气池处理	55.00	58.16	58.02	64.66
随意排放	30.00	21.99	31.3	22.56

对比项目村庄和非项目村庄，项目村随意排放比例更少一些，卫生间用水处理方式更加合理。

7.2.5　畜禽养殖及污染处理

大部分村庄养殖畜禽的都是一半左右。项目村庄和非项目村庄在项目实施之后养殖比例都有所上升（表 7-34）。

表 7-34　畜禽养殖情况

	项目村庄				非项目村庄			
	T1		T2		T1		T2	
	频数/人	百分比/%	频数/人	百分比/%	频数/人	百分比/%	频数/人	百分比/%
有养	77	53.10	74	53.62	68	51.13	38	51.35
没养	68	46.90	64	46.38	65	48.87	36	48.65

大部分调查对象的养殖粪便处理方式主要集中于直接还田、制作有机肥和废弃，其中直接还田占据主要处理方式。项目实施之后，项目村庄和非项目村庄废弃的比例都有上升；项目村庄直接还田的处理方式有所下降，制作有机肥比例略有上升（表 7-35）。

表 7-35 畜禽养殖粪便处理方式统计

处理方式	项目村庄				非项目村庄			
	T1		T2		T1		T2	
	频数/人	百分比/%	频数/人	百分比/%	频数/人	百分比/%	频数/人	百分比/%
废弃	7	9.33	9	11.84	15	24.19	16	24.62
出售	8	10.67	9	11.84	4	6.45	5	7.69
直接还田	41	54.67	38	50.00	31	50.00	33	50.77
制作有机肥	15	20.00	16	21.05	8	12.9	8	12.31
生产沼气	3	4.00	3	3.95	3	4.84	2	3.08
其他	1	1.33	1	1.32	1	1.61	1	1.54

在项目实施前，项目村庄的直接还田比例高于非项目村，整体的处理方式比非项目村庄稍微合理一些，也多样化一些。从处理方式所占比例来看，应当将养殖粪便的处理方式积极向更加合理有效的方向引导。

7.2.6 环境治理公共工程及满意度调查

从表 7-36 中可以看出，项目村庄大部分调查对象对这些项目都比较满意。其中，生活垃圾处理的满意度最高，其次是畜禽养殖污染处理、农药农膜处理、饮水安全工程、生活污水处理、公园生态工程。愿意付费比例最高的是生活垃圾处理，其次是饮水安全工程、公园生态工程、生活污水处理、畜禽养殖污染、农药农膜处理。

表 7-36 项目村庄环境治理工程满意度

满意度	生活垃圾处理/%	生活污水处理/%	畜禽养殖污染/%	农药、农膜污染防治/%	公园生态工程建设/%	饮水安全工程/%
非常不满意	1.38	7.91	5.93	2.61	5.26	6.15
较不满意	5.52	23.02	6.78	8.70	15.79	16.92
一般	13.79	15.83	17.80	26.09	27.82	18.46

满意度	生活垃圾处理/%	生活污水处理/%	畜禽养殖污染/%	农药、农膜污染防治/%	公园生态工程建设/%	饮水安全工程/%
比较满意	57.24	40.29	51.69	44.35	33.83	37.69
非常满意	22.07	12.95	17.80	18.26	17.29	20.77
愿意付费/%	45.07	29.63	12.41	12.40	31.91	40.00
平均额度/元	45.27	32.09	8.03	6.28	51.46	54.99

我们可以看出，环境项目的实施主要改善了生活垃圾处理方式，村民对于生活垃圾处理情况还是比较满意的。然而其他项目的改善情况相对较差，除了生活垃圾的处理，农村地区还有很多其他的项目需要改善。从付费比例可以看出，农民对于生活垃圾处理、生活污水处理以及饮水安全工程这些与自己密切相关的环境项目比较在意。在这些项目的处理上，可以一定程度上采取收费的形式，实行村民与政府合作治理的模式。

非项目村与项目村的满意度情况大体类似。对于生活垃圾处理、生活污水处理、畜禽养殖污染、农药农膜处理、饮水安全工程大部分受访对象是比较满意的。满意度最高的是生活垃圾处理，其次是畜禽养殖污染处理、饮水安全工程、农药农膜处理、生活污水处理、公园生态工程建设。愿意付费比例最高的是生活垃圾处理、其次是生活污水处理、饮水安全工程、公园生态工程、畜禽养殖污染、农药农膜处理（表 7-37）。

表 7-37　非项目村庄环境治理工程满意度

处理方式	生活垃圾处理/%	生活污水处理/%	畜禽养殖污染/%	农药、农膜污染防治/%	公园生态工程建设/%	饮水安全工程/%
非常不满意	2.19	7.52	0.83	0.89	9.24	10.57
较不满意	8.03	15.79	9.92	8.04	15.97	13.82
一般	14.60	18.80	28.10	30.36	24.37	14.63
比较满意	52.55	44.36	40.5	38.39	34.45	34.96
非常满意	22.63	13.53	20.66	22.32	15.97	26.02
愿意付费/%	49.62	38.35	19.85	11.36	31.54	36.36
平均额度/元	44.84	32.33	14.79	3.66	58.11	59.63

从愿意付费比例来看，生活垃圾处理、饮水安全工程、生活污水处理是最高的，村民对于这些跟自己密切相关的项目比较在意。所以在这几项的环境项目治理中，可以考虑让村民付费，实行村民与政府合作治理的方式。

项目村庄和非项目村的大部分村民对农村环境、乡政府工作、村委会工作都比较满意。

其中部分村民表示村干部基本没用，有些村干部甚至不住在村里，对村中平时情况一无所知。而上级政府也关注不到村这一级别，所以会有村民对乡政府以及村委会的工作不太满意。村委会应当尽职尽责，以身作则，多关注村庄情况，切实解决村民最需要解决的困难（表 7-38、表 7-39）。

表 7-38　项目村庄

满意度	农村环境满意度		乡政府工作满意度		村委会工作满意度	
	频数/人	百分比/%	频数/人	百分比/%	频数/人	百分比/%
非常不满意	5	3.5	4	2.94	7	4.86
较不满意	14	9.79	13	9.56	22	15.28
一般	24	16.78	42	30.88	36	25
比较满意	72	50.35	61	44.85	64	44.44
非常满意	28	19.58	16	11.76	15	10.42

表 7-39　非项目村庄

满意度	农村环境满意度		乡政府工作满意度		村委会工作满意度	
	频数/人	百分比/%	频数/人	百分比/%	频数/人	百分比/%
非常不满意	4	2.94	4	3.01	7	5.15
较不满意	15	11.03	19	14.29	23	16.91
一般	31	22.79	41	30.83	33	24.26
比较满意	65	47.79	56	42.11	59	43.38
非常满意	21	15.44	13	9.77	14	10.29

7.2.7　角色定位

通过调查了解到，村中环境的治理主体主要集中于合作治理、村委会治理和政府治理这三者。占据比例最高的是合作治理，这说明这些受访对象有合作意识，明白环境治理并非依靠某一方就可以取得良好效果。从这一数据来看，在以后的治理当中，可以尝试多方合作治理的模式（表7-40）。

表7-40 村中环境的治理主体

	项目村庄		非项目村庄	
	频数/人	百分比/%	频数/人	百分比/%
政府	29	19.86	28	20.44
村委会	41	28.08	38	27.74
村民	5	3.42	3	2.19
合作	65	44.52	68	49.64
其他	6	4.11	0	0

大部分受访对象都表示只做好自己家庭周围的环境卫生。这一定程度上说明了村民的环境权利意识较差，并不认为自己有监督他人保护环境的权利。项目村庄与非项目村庄情况相似。在以后的项目实施当中，首先要加强环境权利意识的宣传（表7-41）。

表7-41 做好家庭周围环境卫生，不多管闲事

	项目村庄		非项目村庄	
	频数/人	百分比/%	频数/人	百分比/%
是	124	84.93	112	81.75
否	22	15.07	25	18.25

大部分受访对象从来没有向村委会或政府提出过环保建议，也没有参加过环境治理意见征求会。说明目前村民对于环境治理的参与只停留在表面参与阶段。政府应当加强对村民环境意识的培养，同时积极引导村民对农村环境治理的参与。村民是对农村环境最为了解的主体，只有他们提出的环保建议才是最有价值、最为需要的宝贵建议（表7-42、表7-43）。

总体来看，项目村比非项目村的村民提建议的意识稍微高一些。

表 7-42　有没有向村委会或者政府提出环保建议

	项目村庄		非项目村庄	
	频数/人	百分比/%	频数/人	百分比/%
有	35	23.97	63	22.11
没有	111	76.03	222	77.89

表 7-43　是否参加过环境治理意见征求会

	项目村庄		非项目村庄	
	频数/人	百分比/%	频数/人	百分比/%
是	14	9.59	10	7.35
否	132	90.41	126	92.65

通过调查我们了解到，将近 1/3 的受访对象没有任何获取农村环境相关信息的方式，23%左右的受访对象是通过听村委会宣布的，还有 25%左右是通过媒体获知的。由于目前农村的整体受教育水平较低，有相当一部分甚至是没有受过教育的，所以这些人通过媒体获知环境信息相对比较困难。这就要求村委会要深入解读相关环境信息、政策等，保证尽可能多的村民了解环境相关信息（表 7-44）。

表 7-44　通过什么方式获知农村环境的相关信息

	项目村庄		非项目村庄	
	频数/人	百分比/%	频数/人	百分比/%
没有方式获知	40	28.17	41	30.83
听村委会宣布公示	33	23.24	39	29.32
听邻居或他人说的	20	14.08	14	10.53
媒体	36	25.35	31	23.31
多种方式	13	9.15	8	6.02

项目村庄有半数左右的受访对象表示将环境管理外包或者自己管理的形式都可行。因为有些项目村庄目前的环境管理方式非常类似于这两种形式，所以项目村庄有较多的村民可以接受。非项目村庄相比项目村较少村民认为可行，这些人表示农村环境的管理本应该是村委会的事，村里的事情就应该归村委会管。所以他们不同意外包或是再成立组织管理的形式（表7-45、表7-46）。

表 7-45　农村环境管理外包给专业的环境管理企业是否可行

	项目村庄		非项目村庄	
	频数/人	百分比/%	频数/人	百分比/%
可行	90	61.64	70	51.09
不可行	24	16.44	25	18.25
不清楚	32	21.92	42	30.66

表 7-46　村民民主选举成立各村环境管理组织，村自筹资金，对本村环境进行治理

	项目村庄		非项目村庄	
	频数/人	百分比/%	频数/人	百分比/%
可行	68	46.58	65	47.45
不可行	43	29.45	40	29.20
不清楚	35	23.97	32	23.36

7.2.8　制度建设

从表7-47可以看出，调查地区的大部分村庄制度建设都不完善，除了大部分村庄都有专人负责清理垃圾之外，其余制度建设都有待加强。这说明总体来说，农村的环境治理还有很长一段路要走，要想改善农村环境，首先要将最基本的制度设施建设完善起来。

表 7-47　农村环境的制度管理

	是否开展宣传教育	资金是否公开	是否有专人负责清理垃圾	村规民约是否包含环境保护内容	政府是否出台环境政策	是否有奖罚措施	是否发放垃圾桶	环境治理是否收费
	项目村庄/%							
是	44.52	33.81	88.36	43.45	34.93	13.97	42.47	10.96
否	45.89	41.01	7.53	34.48	16.44	45.59	56.85	87.67
不清楚	9.59	25.18	4.11	22.07	48.63	40.44	0.68	1.37
	非项目村庄/%							
是	44.12	29.01	83.09	43.80	26.47	10.57	44.12	8.27
否	50.00	58.78	14.71	26.28	25.74	43.90	54.41	90.98
不清楚	5.88	12.21	2.21	29.93	47.79	45.53	1.47	0.75

　　大部分受访对象都反映村中生活垃圾治理模式由村委会或政府出资雇人处理，还有部分是村委会或政府、村民共同出资处理。项目村庄无人处理的比例是0.7%，非项目村庄无人处理的比例是 7.35%。项目村庄生活污水的治理模式主要由村委会或者政府出资雇人处理，占比 35.29。养殖污水的治理模式主要由村委会或村民成立相关组织处理或由村委会或者政府出资雇人处理，其中由村委会或村民成立相关组织处理的占比最大。非项目村庄主要集中于无人管理、由村委会或者政府出资雇人处理，无人管理的比例超过半数。因为大部分村庄不存在养殖大户，所以对他们来说，不存在较大的养殖污染，也没有太多养殖污水，所以，养殖污水处理无人管理的比例略高（表 7-48）。

表 7-48　农村环境的治理模式

	生活垃圾治理模式	生活污水治理模式	养殖污水治理模式
	项目村庄/%		
由村委会或者政府出资雇人处理	88.81	35.29	25.37
承包给企业处理	1.40	0.74	2.24
村委会或政府、村民共同出资处理	5.59	5.88	1.49
由村委会或村民成立相关组织处理	1.40	1.47	68.66
无人管理	0.70	55.88	2.24
其他方式	2.10	0.74	0

	生活垃圾治理模式	生活污水治理模式	养殖污水治理模式
	非项目村庄/%		
由村委会或者政府出资雇人处理	83.09	27.82	26.15
承包给企业处理	0.74	2.26	0.77
村委会或政府、村民共同出资处理	6.62	3.76	0.77
由村委会或村民成立相关组织处理	0.74	0.75	0
无人管理	7.35	63.16	71.54
其他方式	1.47	2.26	0.77

对比项目村和非项目村，项目村的治理情况稍微好一些，治理的比例比非项目村高一些。但是总体而言，还需进一步的治理。生活垃圾的治理模式目前相对比较完善，但是生活污水治理仍然需要进一步加强。

7.2.9　参与环境治理意愿

总体来看，非项目村庄的参与意愿百分比略高于项目村庄。这与非项目村庄的实际情况有很大关系，非项目村庄环境基础设施相对匮乏，整体环境较差，所以大部分村民都愿意参与其中做出改善（表 7-49）。

表 7-49　参与意愿百分比

	项目村庄		非项目村庄	
	频数/人	百分比/%	频数/人	百分比/%
不愿意	13	8.90	5	3.65
比较不愿意	22	15.07	22	16.06
一般	23	15.75	18	13.14
比较愿意	60	41.10	67	48.91
非常愿意	28	19.18	25	18.25

项目村当中，5 项参与意愿百分比都超过了 50%，说明受访对象对于环境参与意愿是比较高的。参与意愿最少的是参与听证并提出意见，因为调查对象有很大一部分是偏老年人群，他们对于这一项表示自己年事已高，心有余力不足，所以不愿参与。

非项目村中，5 项参与行为，参与意愿百分比也全部超过 50%，非项目村中的参与意愿非常高，甚至超过了项目村。可见非项目村中的村民对于美好环境的需求较高（表 7-50）。

表 7-50 具体环境行为参与意愿百分比统计

	项目村庄		非项目村庄	
	是/%	否/%	是/%	否/%
您是否愿意对生活垃圾进行分类处理	76.71	23.29	80.29	19.71
如果遇到别人破坏环境，您是否愿意制止	57.24	42.76	59.12	40.88
村中进行听证，您是否愿意提出意见	54.11	45.89	59.85	40.15
您是否愿意参与到环境宣传活动当中	58.22	41.78	68.61	31.39
如果村中有环境保护组织，您是否愿意参与	55.48	44.52	60.58	39.42

除此之外，还有一点值得我们关注。在这 5 项具体环境行为的参与意愿当中，项目村只有一项"对生活垃圾进行分类"的参与愿意比例超过了表 7-49 中的参与意愿比例 60.28%，其余 4 项的参与意愿比例都低于 60.28%。而非项目村有"对生活垃圾进行分类"和"参与到环境宣传活动当中"两项超过了表 7-49 中的参与意愿比例 67.16%。

项目村庄当中，有 5 项参与行为显示从不参与的百分比超过了 50%，也就是说有 5 项环境参与行为，大部分受访对象从没参与过。这 5 项是环境意见征询或问卷调查；就环境治理项目发表意见，主动提出建议；向政府、村委会反映过意见建议或进行投诉；响应政府、其他团体举办的环保宣传活动；组织村民自发开展环境卫生治理。参与度最高的生活垃圾分类处理，其次是生活中经常关注环境相关信息。

非项目村中，有 5 项参与行为显示从不参与的百分比超过了 50%，甚至有 4 项超过 70%。也就是说有 5 项环境参与行为，大部分受访对象从没参与过。这 5 项是环境意见征询或问卷调查；就环境治理项目发表意见，主动提出建议；向政府、村委会反映过意见建议或进行投诉；响应政府、其他团体举办的环保宣传活动；组织村民自发开展环境卫生治理。参与度最高的生活垃圾分类处理，其次是生活中经常关注环境相关信息（表 7-51）。

表 7-51 参与行为统计

项目村庄			
	从不/%	偶尔/%	经常/%
垃圾分类处理	49.32	23.29	27.40
生活中经常关注环境相关信息	34.25	47.95	17.81
环境意见征询或问卷调查	69.86	29.45	0.68
就环境治理项目发表意见，主动提出建议	75.17	22.76	2.07
向政府、村委会反映过意见建议或进行投诉	74.66	23.97	1.37
响应政府、其他团体举办的环保宣传活动	52.74	32.88	14.38
组织村民自发开展环境卫生治理	73.29	20.55	6.16
非项目村庄			
	从不/%	偶尔/%	经常/%
垃圾分类处理	48.18	29.93	21.90
生活中经常关注环境相关信息	45.99	43.07	10.95
环境意见征询或问卷调查	72.26	25.55	2.19
就环境治理项目发表意见，主动提出建议	78.10	16.79	5.11
向政府、村委会反映过意见建议或进行投诉	78.83	13.14	8.03
响应政府、其他团体举办的环保宣传活动	59.12	29.93	10.95
组织村民自发开展环境卫生治理	82.48	13.87	3.65

对比项目村和非项目村，可以发现，两者当中村民参与行为情况类似，项目村的参与情况稍微优于非项目村，但是两者当中村民的环境行为参与度都比较低。

生活垃圾分类处理和生活中经常关注环境相关信息这两者都属于独立性的，是不牵涉他人不牵涉政府的环保行为，而其他环境行为均为非独立性的，是涉及他人或者政府的行为。我们发现，对于独立性的、不牵涉他人不牵涉政府的环保行为，农民参与度相对较高；对于非独立性的，涉及他人或者政府的行为，农民参与度较低。

经过调查我们发现，农民的参与意愿与实际参与行为之间存在严重的悖离。表 7-52 显示，愿意参与环境治理的百分比占 63.86%。但是表 7-54 中，7 项实际环境参与行为中，没有一项的实际参与比例超过 63.86%，参与比例最高的为"生活中经常关注环境信息"，占比为 60.21%，参与比例最低的是"组织村民自发开展环境卫生治理", 占比为 22.54%。农民参与环境治理涉及方方面面的因素, 参与意愿与实际参与行为之间为什么存在严重悖离, 值得我们继续深究(表 7-53、表 7-54)。

表 7-52　整体参与意愿百分比

	频数/人	百分比/%
不愿意	18	6.32
比较不愿意	44	15.44
一般	41	14.39
比较愿意	127	44.56
非常愿意	55	19.30

表 7-53　具体环境行为整体参与意愿百分比统计

	是/%	否/%
您是否愿意对生活垃圾进行分类处理	78.60	21.40
如果遇到别人破坏环境, 您是否愿意制止	58.45	41.45
村中进行听证, 您是否愿意提出意见	57.19	42.81
您是否愿意参与到环境宣传活动当中	63.51	36.49
如果村中有环境保护组织, 您是否愿意参与	58.60	41.40

表 7-54　整体参与行为统计

	从不/%	偶尔/%	经常/%
垃圾分类处理	48.76	26.50	24.73
生活中经常关注环境相关信息	39.79	45.77	14.44
环境意见征询或问卷调查	70.53	27.72	1.75
就环境治理项目发表意见, 主动提出建议	76.41	20.07	3.52
向政府、村委会反映过意见建议或进行投诉	76.49	18.95	4.56
响应政府、其他团体举办的环保宣传活动	55.99	31.34	12.68
组织村民自发开展环境卫生治理	77.46	17.96	4.58

7.2.10　总结

总体来看, 因整体受教育水平不高, 村民对于环境治理项目的了解程度很低。

项目村庄在项目实施之后，由于公共垃圾桶的增加和从事农业人数的减少，厨余垃圾、农药瓶和塑料袋的处理方式有所变化，处理方式较之前更为合理；但是塑料瓶、废旧纸箱这些可回收、可出售的垃圾，处理方式并无较大变化。

关于垃圾处理方式的评价，总体来看比之前评价稍高一些。大部分村民对于环境治理项目还是比较满意的。对于与自己生活息息相关的环境项目，大部分村民表示愿意付费，这说明在今后的环境治理过程中，可以尝试让村民参与多元合作治理模式。目前村民对于环境治理的参与还停留在表面阶段，村中的制度设施建设还不够完善。村民的实际环境参与度非常低，需要加强环境知识的宣传教育。

总体而言，项目村在各方面比非项目村要更加完善，做得更好。这说明项目村之所以能成为项目试点，是因为其本身各方面的基础条件较非项目村庄更好、更优越。受访对象的总体受教育程度偏低，所以整体的文化水平和环境意识都较差，尤其有很大一部分受访对象是超过 60 岁的偏高龄老人，甚至没有受过教育，这是影响环境治理效果的一个重要因素。农民参与环境治理的意愿与实际参与行为之间存在严重悖离，这一情况值得我们继续探究。

8 安徽省农村环境治理公众参与实证研究

此次调研共涉及安徽省合肥和阜阳2个城市14个村庄。其中包括7个项目村、7个非项目村庄。共得到问卷99份。其中调查内容包括农民个人与家庭基本情况、生活垃圾处理情况、环境治理公共工程及满意度调查情况、主观认知状况情况、农民对自己的角色定位、村中制度建设情况、村庄社会资本与农民行为表现、农民参与意愿调查、农民参与行为调查、生活垃圾处理成本与收益情况。

8.1 农民个人与家庭基本情况

在调查的受访对象中，家庭成员数量主要集中在4～7口，占比为69.4%，家庭人口平均数量为5.24个。其中，5～6口的家庭有38个，占比最多。1口的家庭只有3个，占比最少。

家庭常住人口数量主要集中在2～3口，占比为62.25%，家庭常住人口平均数量为2.59个。通过表8-1我们可以观察到，家庭常住人口平均数量比家庭总成员数量少3个人，这是因为在调查的农村当中，大部分家庭都会有人口外出务工，所以常住人口数量会比总成员数量少（表8-1）。

表8-1 农民个人与家庭基本情况

家庭成员数量/人	频数/人	百分比/%	常住人口/人	频数/人	百分比/%
1	3	3.06	1	17	17.35
2	9	9.18	2	43	43.88
3	9	9.18	3	18	18.37

家庭成员数量/人	频数/人	百分比/%	常住人口/人	频数/人	百分比/%
4	15	15.31	4	9	9.18
5	19	19.39	5	6	6.12
6	19	19.39	6	4	4.08
7	15	15.31	7	1	1.02
8	4	4.08	8	0	—
>8	5	5.10	>8	0	—
平均人口/人	5.24		平均人口/人	2.59	

调查对象的年龄大部分集中在 50～79 岁，占比为 81.81%，最小年龄为 20 岁，最大为 84 岁。其中 60 岁以上人群占比为 49.49%，留在农村的常住人口中有近 50% 是老年人口，中青年人口大部分都外出务工，这进一步说明了农村目前"空巢老人"现象严重（表 8-2）。

表 8-2　调查对象年龄分布情况

年龄/岁	频数/人	百分比/%
20 以下	1	1.01
20～29	3	3.03
30～39	7	7.07
40～49	7	7.07
50～59	32	32.32
60～69	22	22.22
70～79	21	21.21
80 以上	6	6.06

调查对象中男性占比为 50.51%，女性占比为 49.49%，受访对象中男性比例稍微高于女性比例。其中已婚人群占比为 96.97%，未婚人群占比为 3.03%，已婚人群占比远超未婚人群（表 8-3）。

表 8-3　调查对象婚姻情况

性别	频数/人	百分比/%	婚姻状况	频数/人	百分比/%
男	50	50.51	已婚	96	96.97
女	49	49.49	未婚	3	3.03

调查对象当中，有约 20% 的人没有受过教育，约 35% 的人群受教育程度为小学文化水平，约 33% 的受访对象受教育程度是初中文化水平。高中以上文化水平的仅占 12% 左右。总体来说，受访地区的村民文化程度偏低，有将近 56% 的人文化水平在小学以下。要改善农村环境，提高农民环境参与度，必须提高农民的环保意识和参与意识，提高其受教育水平（表 8-4）。

表 8-4　调查对象受教育程度

受教育程度/a	频数/人	百分比/%
0	20	20.2
1～6	35	35.35
7～9	32	32.32
10～12	6	6.06
13～15	0	0
15 以上	6	6.06

调查对象当中，绝大部分不是村干部，村干部比例为 4.04%，绝大部分也不是党员，党员比例仅占 8.08%，村干部与非村干部比例和党员与非党员比例大体一致，这一定程度上说明了农村的村干部大部分都是从党员中选出的（表 8-5）。

表 8-5　调查对象是否为村干部、是否为党员情况

	频数/人	百分比/%		频数/人	百分比/%
村干部	4	4.04	党员	8	8.08
非村干部	95	95.96	非党员	91	91.92

在调查中发现，目前农民的主要工作不仅仅是种植业，除此之外还有建筑业、

住宿餐饮、批发零售等其他行业。随着农村经济水平的提升，农民的经济收入也比之前有了提升，农民对于第三产业的需求也有了较大提升，所以除第一产业之外，第三产业的服务业在农村也开始发展起来（表8-6）。

表8-6　调查对象从事行业情况

行业	频数/人	百分比/%	行业	频数/人	百分比/%
种植业	30	30.30	建筑业	6	6.06
林业	0	0	交通运输业	2	2.02
畜牧业	1	1.01	仓储邮政业	0	0
渔业	1	1.01	批发零售业	8	8.08
采矿业	0	0	住宿餐饮业	3	3.03
制造业	3	3.03	其他	15	15.15
电力燃气业	1	1.01	无	29	29.29

通过调查我们可以发现，农村中大部分人的健康水平集中在比较差、一般和比较好3个等级。健康状况非常好的占1/9的比例，非常差和比较差的占比约1/4（表8-7）。

表8-7　调查对象健康状况

健康状况	频数/人	百分比/%
非常差	1	1.01
比较差	23	23.23
一般	20	20.20
比较好	44	44.44
非常好	11	11.11
平均分	3.41	

在项目村庄当中，知晓项目的占58%，不知晓的占42%，项目村庄的大部分人还是知道有环境治理的项目，这对项目实施的效果有较大的影响。说明政府以及村委会对环境项目的宣传力度较大，效果较明显。

非项目村庄知晓项目的人占比很少，仅占16.3%，不知晓的人数占了绝大部分。说明项目村庄对于环境项目的知晓情况还是比非项目村庄好一些（表8-8）。

表8-8　调查对象对项目知晓程度

项目村	频数/人	百分比/%	非项目村	频数/人	百分比/%
知晓项目	29	58	知晓项目	8	16.30
不知晓	21	42	不知晓	41	83.70

项目村庄距离城镇的距离有74%的农民反映在0~5 km，24%的人反映在5~10 km，平均距离城镇距离为4.38 km；非项目村超过80%的人反映在0~5 km，约10%的人反映在10~15 km，平均距离城镇的距离为5.18 km。由此可以看出，项目村庄距离城镇的平均距离较非项目村庄略近一点，项目村和非项目村的选择与到城镇距离关系不大（表8-9）。

表8-9　调查对象距城镇距离

项目村庄			非项目村庄		
距城镇距离/km	频数/人	百分比/%	距城镇距离/km	频数/人	百分比/%
$0 < S \leqslant 5$	55	74	$0 < S \leqslant 5$	40	81.62
$5 < S \leqslant 10$	12	24	$5 < S \leqslant 10$	1	2.04
$10 < S \leqslant 15$	1	2	$10 < S \leqslant 15$	5	10.20
> 20	0	0	> 20	3	6.12
平均值/km	4.38		平均值/km	5.18	

可以看出项目村庄的家庭总收入、家庭农业收入和家庭总支出，在项目实施之后均有所上涨。项目实施之前家庭农业总收入占总收入比重为14.37%，项目实施之后占比为12.26%，农业收入的比重有所下降，说明从事农业的人口下降了；项目实施之前支出占收入比重为61.69%，项目实施之后支出占收入比重为50%，一定程度上说明了农民实际收入水平有所上升。非项目村庄家庭总支出和农业总收入在项目实施之后都有所上升，项目实施之前农业收入占家庭总收入的比重为7.51%，项目实施之后农业收入占比下降到了3.67%，说明非项目村总体上从事农业的人口减少；项目实施之前家庭总支出占家庭总收入比重为56.66%，项目实施

之后占比为 52.05%，一定程度上说明了非项目村庄农民实际收入水平有所上升
（表 8-10）。

表 8-10　调查对象家庭收入情况　　　　　　　　　　单位：万元

	项目村庄				非项目村庄		
	家庭总收入	家庭农业总收入	家庭总支出		家庭总收入	家庭农业总收入	家庭总支出
T1 平均值	3.55	0.51	2.19	T1 平均值	2.93	0.22	1.66
T2 平均值	6.20	0.76	3.10	T2 平均值	4.63	0.17	2.41

总体来说，项目村庄在项目实施之前和项目实施之后的家庭总收入都高于非
项目村，而且项目村庄的支出水平一直高于非项目村。

8.2　垃圾处理情况

总体来看，项目村庄的厨余垃圾重量比非项目村庄轻，项目村庄和非项目村
庄在项目实施之后平均厨余垃圾重量都减少了。说明项目的实施还是起到了一定
的作用（表 8-11）。

表 8-11　厨余垃圾平均重量　　　　　　　　　　单位：kg/d

	项目村庄	非项目村庄
T1	0.45	0.465
T2	0.405	0.455

项目村在项目实施之前的厨余垃圾处理方式主要集中在随意丢弃和当作饲料
这两种方式，占比最多的 53.66%为当作饲料，其次是随意丢弃，占比为 31.71%，
直接扔进垃圾桶的占比为 9.76%，说明项目村庄的村民在项目实施之前对垃圾处
理的方式比较不合理；项目实施之后直接扔进垃圾桶的占比增加，随意丢弃的人
数明显减少，但是并没有完全消失，分类扔进垃圾桶的比例有所增加，说明环境
治理项目的实施在规范农民处理垃圾方面成效显著（表 8-12）。

表 8-12 厨余垃圾处理方式统计

项目村庄				
	T1		T2	
处理方式	频数/人	百分比/%	频数/人	百分比/%
随意丢弃	13	31.71	3	7.50
直接扔进垃圾桶	4	9.76	12	30.00
分类扔进垃圾桶	0	0	3	7.50
饲料	22	53.66	21	52.50
其他	2	4.88	1	2.50
非项目村庄				
	T1		T2	
处理方式	频数/人	百分比/%	频数/人	百分比/%
随意丢弃	10	26.32	3	7.89
直接扔进垃圾桶	6	15.79	8	21.05
分类扔进垃圾桶	0	0	4	10.53
饲料	20	52.63	20	52.63
其他	2	5.26	3	7.89

非项目村在项目实施之前的厨余垃圾处理方式主要集中在随意丢弃、直接扔进垃圾桶和当作饲料这 3 种处理方式。由于非项目村养殖家禽的农民较多，所以一般农民会选择将厨余垃圾当作饲料；项目实施之后，随意丢弃的人比例大幅下降，直接扔进垃圾桶的人比例有所上升，分类扔进垃圾桶的比例也大幅上升，但占比仍然只是一小部分。

可以看出，项目村庄的农药瓶使用量略高于非项目村。项目村庄和非项目村庄在项目实施之后的农药瓶使用数量均有所下降。联系上文提到的家庭农业总收入，非项目村的农业收入有所下降，所以农药使用量也相应下降（表 8-13）。

表 8-13 农药瓶平均数量　　　　　　　　　　　　　　单位：个/a

	项目村庄	非项目村庄
T1	14.60	8.80
T2	9.10	6.20

　　项目村的农药瓶处理方式主要是随意丢弃和直接扔进垃圾桶。项目实施之前随意丢弃的处理方式占比高于直接丢进垃圾桶，项目实施之后直接扔进垃圾桶的处理方式占比高于随意丢弃。项目的实施，对农民环保意识的提高有一定的作用。

　　非项目村的农药瓶主要处理方式在项目实施前后变化较大。项目实施之前，随意丢弃占主要地位，约85%的农民会选择随意丢弃，项目实施之后，随意丢弃的处理方式占比下降到了56.52%，30.44%的农民会将农药瓶扔进垃圾桶。非项目村庄对于农药瓶的处理比之前有较大的改观（表8-14）。

表 8-14　农药瓶处理方式统计

项目村庄				
	T1		T2	
处理方式	频数/人	百分比/%	频数/人	百分比/%
随意丢弃	28	73.68	6	27.27
直接扔进垃圾桶	7	18.42	9	40.91
分类扔进垃圾桶	0	0	4	18.18
出售	2	5.26	2	9.09
其他	1	2.63	1	4.55
非项目村庄				
	T1		T2	
处理方式	频数/人	百分比/%	频数/人	百分比/%
随意丢弃	29	85.29	13	56.52
直接扔进垃圾桶	3	8.82	5	21.74
分类扔进垃圾桶	1	2.94	2	8.70
出售	0	0	0	0
其他	1	2.94	3	13.04

　　从调查结果来看，项目村庄的塑料瓶平均使用量比非项目村庄多。项目实施之后，项目村和非项目村的塑料瓶平均使用量都比之前有提升，项目村塑料瓶使用量上涨了1.51%，非项目村上涨了11.55%。项目村塑料瓶的消费超过非项目村，这也一定程度上说明了项目村在垃圾处置量上更大（表8-15）。

表 8-15 塑料瓶平均数量 单位：个/a

	项目村庄	非项目村庄
T1	450.97	127.19
T2	457.76	141.88

　　项目实施前，项目村庄对于塑料瓶的处理方式主要是随意丢弃和出售给废品收购站，大部分是出售给废品收购站，也有部分人会将塑料瓶直接扔进垃圾桶。项目实施之后随意丢弃的人比例下降，直接扔进垃圾桶、分类扔进垃圾桶和出售给废品收购站的比例稍有上升。

　　项目实施前，非项目村庄塑料瓶的主要处理方式也是随意丢弃和出售给废品收购站，大部分是出售给废品收购站，也有部分人会将塑料瓶直接扔进垃圾桶。项目实施之后，直接扔进垃圾桶的比例大大提升，出售给废品收购站和随意丢弃的人比例有所下降（表 8-16）。

表 8-16 塑料瓶处理方式统计

项目村庄				
	T1		T2	
处理方式	频数/人	百分比/%	频数/人	百分比/%
随意丢弃	11	28.21	2	5.41
焚烧	0	0	0	0
直接扔进垃圾桶	5	12.82	10	27.03
分类扔进垃圾桶	1	2.56	2	5.41
出售给废品收购站	21	53.85	22	59.46
其他	1	2.56	1	2.70
非项目村庄				
	T1		T2	
处理方式	频数/人	百分比/%	频数/人	百分比/%
随意丢弃	9	24.32	2	5.41
焚烧	0	0	0	0
直接扔进垃圾桶	1	2.70	8	21.62
分类扔进垃圾桶	0	0	1	2.70
出售给废品收购站	27	72.97	26	70.27
其他	0	0	0	0

总体而言，项目村前后的对比变化比非项目村大，说明项目的实施起到了一定的效果。

从表 8-17 可以看出，非项目村庄的废旧纸箱平均重量一直超过项目村庄。项目实施之后项目村庄和非项目村庄的废旧纸箱的重量均有所上升。废旧纸箱重量的上升一定程度上说明了农民的消费需求逐渐上升。

表 8-17　废旧纸箱平均重量

单位：kg/a

	项目村庄	非项目村庄
T1	1.93	2.20
T2	2.18	2.28

关于废旧纸箱的处理大体跟塑料瓶的处理相似。项目村的主要处理方式是随意丢弃和出售给废品收购站。项目实施之前随意丢弃的比例较大，项目实施之后，没有随意丢弃的现象，扔进垃圾桶的比例有所上升，出售给废品收购站的比例稍有下降。项目实施前后总体上并没有太多变化，主要方式还是出售。

项目实施前，非项目村庄废旧纸箱的主要处理方式是随意丢弃和出售给废品收购站，绝大部分是出售给废品收购站。项目实施之后，没有随意丢弃的现象，直接扔进垃圾桶的比例有所上涨，出售给废品收购站的比例略有下降。项目实施前后总体上并没有太多变化，主要方式还是出售（表 8-18）。

表 8-18　废旧纸箱处理方式统计

项目村庄				
	T1		T2	
	频数/人	百分比/%	频数/人	百分比/%
随意丢弃	9	25.71	0	0
焚烧	1	2.86	2	5.88
直接扔进垃圾桶	1	2.86	8	23.53
分类扔进垃圾桶	0	0	1	2.94
出售给废品收购站	23	65.71	22	64.71
其他	1	2.86	1	2.94

	非项目村庄			
	T1		T2	
	频数/人	百分比/%	频数/人	百分比/%
随意丢弃	3	9.68	0	0
焚烧	1	3.23	1	3.23
直接扔进垃圾桶	1	3.23	5	16.13
分类扔进垃圾桶	0	0	0	0
出售给废品收购站	26	83.87	25	80.65
其他	0	0	0	0

总结上述情况我们发现，凡是可以出售的可回收垃圾，无论项目村还是非项目村，处理方式在项目实施前后变化不大。这是因为这些垃圾是可以出售卖钱的，村民可以从中获取收益，所以大部分会选择卖掉。项目的实施主要体现在基础设施上，所以对于这些可回收垃圾的处理，村民的处理方式并无太大变化。

项目村庄与非项目村庄的塑料袋平均使用量大致相同，在项目实施之后平均使用数量都有所上涨（表 8-19）。

表 8-19 塑料袋平均使用数量 单位：个/d

	项目村庄	非项目村庄
T1	1.25	1.63
T2	1.99	2.03

项目实施前，项目村庄的塑料袋处理方式主要集中于随意丢弃、焚烧和直接扔进垃圾桶，随意丢弃的处理方式占比最多。项目实施之后，焚烧和直接扔进垃圾桶的处理方式比例又有所上升，没有随意丢弃的处理方式，这可能与农民的环境意识不足有关，他们认为焚烧也是一种比较有效的垃圾处理方式，所以会有很多人选择焚烧（表 8-20）。

表 8-20   塑料袋处理方式统计

项目村庄				
	T1		T2	
	频数/人	百分比/%	频数/人	百分比/%
随意丢弃	21	45.65	0	0
焚烧	8	17.39	18	40
直接扔进垃圾桶	11	23.91	25	55.56
分类扔进垃圾桶	5	10.87	1	2.22
出售给废品收购站	1	2.17	1	2.22
非项目村庄				
	T1		T2	
	频数/人	百分比/%	频数/人	百分比/%
随意丢弃	21	47.73	4	9.09
焚烧	16	36.36	17	38.64
直接扔进垃圾桶	4	9.09	21	47.73
分类扔进垃圾桶	3	6.82	2	4.55
出售给废品收购站	0	0	0	0

项目实施前，非项目村庄塑料袋的处理方式主要集中在随意丢弃、焚烧和直接扔进垃圾桶。项目实施之后，焚烧和直接扔进垃圾桶的比重增加，随意丢弃的方式比重减少。可见农民的环保意识比较缺乏，政府或村委会应当积极宣传环境保护知识，提高农民的环境保护意识。

对比可见，在塑料袋的处理上，项目村与非项目村并无太大区别。说明项目的实施对于农民的环保意识并没有太大改变，改变的更多的是基础设施，这是项目实施的一个不足之处。只有从根本上改变农民的环境意识，才能使项目发挥更好的作用。

经调查发现，所有调查对象的其他投入在项目实施之后较之前大部分都有所提升。农村基础设施的发展和经济水平的提高，使得农民在垃圾处理方面的其他投入有所上升（表 8-21）。

表 8-21 其他投入

	平均垃圾桶数量/个	平均垃圾桶市场价/（元/a）	平均垃圾袋花费/（元/a）	平均到垃圾点距离/m	平均到垃圾点时间/min
	项目村庄				
T1	2.16	17.71	31.00	87.52	3.57
T2	2.70	22.69	34.70	51.82	2.35
	非项目村庄				
	平均垃圾桶数量/个	平均垃圾桶市场价/（元/a）	平均垃圾袋花费/（元/a）	平均到垃圾点距离/m	平均到垃圾点时间/min
T1	2.20	12.30	17.50	88.57	2.54
T2	2.63	17.13	44.00	45.85	1.70

通过项目村与非项目村平均到垃圾点距离的对比，可以发现，项目实施后项目村和非项目村平均到垃圾点的距离都缩短了，说明项目的实施起到了一定的效果。

8.3 对处理方式的评价

项目村庄村民的自我评价，在项目实施之前大部分都对自己的处理方式不太满意，而项目实施之后，绝大部分都对自己目前的处理方式比较满意。这一变化说明项目的实施确实一定程度上改善了项目村庄的生活垃圾处理情况（表 8-22）。

表 8-22 自我评价

	项目村庄				非项目村庄			
	T1		T2		T1		T2	
	频数/人	百分比/%	频数/人	百分比/%	频数/人	百分比/%	频数/人	百分比/%
非常不合理	7	14	0	0	4	8.16	0	0
较不合理	22	44	0	0	18	36.73	0	0
一般	9	18	10	20	17	34.69	13	26.53
较合理	10	20	33	66	8	16.33	32	65.31
非常合理	2	4	7	14	2	4.08	4	8.16

非项目村庄在项目实施前的同一时期，大部分的村民都对自己的生活垃圾处理方式不太满意，项目实施之后，绝大部分村民都对目前的处理方式比较满意。非项目村庄在这期间虽然并没有实施农村环境连片整治项目，但是可能会有一些其他方面的改善环境的措施，使得农村环境相比之前有较大改善。

对比项目村庄和非项目村庄，项目实施之前，项目村庄的不满意比例高于非项目村庄，在项目实施之后，项目村庄的满意比例高于非项目村庄。这一定程度上说明项目村庄的项目实施力度或改善程度相对较大。

关于不良影响，大部分村民都认为没有什么不良影响。项目村庄在项目实施之前80%以上的人都认为没有什么太大影响，项目实施之后认为没什么影响的人数增加到90%以上。非项目村庄在项目实施之前将近80%的人认为没什么影响，项目实施之后90%以上的人认为没什么影响。项目实施后，对比项目村和非项目村，非项目村对自己处理生活垃圾的评价较高，认为没有什么不良影响的人要比项目村庄多（表8-23）。

表 8-23 不良影响评价

	项目村庄				非项目村庄			
	T1		T2		T1		T2	
	频数/人	百分比/%	频数/人	百分比/%	频数/人	百分比/%	频数/人	百分比/%
没有影响	11	22	24	48	10	20.41	20	40.82
影响较小	14	28	17	34	14	28.57	17	34.69
一般	15	30	4	8	15	30.61	8	16.33
影响较大	7	14	4	8	10	20.41	3	6.12
影响非常大	3	6	1	2	0	0	1	2.04

总体来看，无论是哪种处理生活垃圾的方式大部分村民都认为没有什么负担，项目实施之前的处理方式无外乎是扔到河里或者焚烧，这些仅仅只是走几步路或者烧一把火，对于村民来说构不成负担。非项目村庄在项目实施之前与项目实施之后的负担评价并没有太大变化。对比项目村和非项目村，非项目村庄的负担评价稍高一些（表8-24）。

表 8-24　负担评价

	项目村庄				非项目村庄			
	T1		T2		T1		T2	
	频数/人	百分比/%	频数/人	百分比/%	频数/人	百分比/%	频数/人	百分比/%
几乎没有负担	24	48	27	54	21	42.86	26	53.06
负担较小	18	36	15	30	22	44.90	13	26.53
一般	5	10	4	8	5	10.20	4	8.16
负担较大	3	6	3	6	1	2.04	5	10.20
负担非常大	0	0	1	2	0	0	1	2.04

项目实施前，项目村庄的受访对象大部分认为处理垃圾的方式没有什么收益，但是项目的实施，增加了村中垃圾桶的数量，也有专人负责清理，村中环境有所改善，所以认为有较大收益的比例有所上涨。项目实施前，非项目村庄也是大部分人认为处理方式没有什么收益，项目实施之后，认为有收益的比例稍有提高（表 8-25）。

表 8-25　收益评价

	项目村庄				非项目村庄			
	T1		T2		T1		T2	
	频数/人	百分比/%	频数/人	百分比/%	频数/人	百分比/%	频数/人	百分比/%
几乎没有收益	29	58	16	32	33	67.35	17	34.69
收益较小	18	36	12	24	14	28.57	14	28.57
一般	3	6	7	14	2	4.08	4	8.16
收益较大	0	0	11	22	0	0	12	24.49
非常有收益	0	0	4	8	0	0	2	4.08

对比两种村庄，项目村的收益评价总体比非项目村要好。但是通过以上调查数据我们也可以发现，项目实施之后与实施之前变化不大，村民对于目前垃圾处理方式的评价不高，可见项目实施的效果并不是很理想。应该加大项目的实施力度，做好项目宣传，积极调动农民参与配合，才能使最后的实施效果更加理想。

8.4 污水处理

可以看出，项目村庄与非项目村庄在项目实施之后的用水总量均有提升（表8-26）。

表 8-26 用水总量 单位：t/月

	项目村庄	非项目村庄
T1	9.35	9.42
T2	11.74	11.64

调查的大部分项目村庄，厨房用水都是通过下水沟直接排放到河里，很少有村庄修建污水处理厂，所以大部分人的厨房用水都是随意排放，小部分人厨房用水与厕所用水一起通过化粪池后处理。项目的实施，使得部分村庄有了污水处理厂，但也只是少数，所以项目实施之后，经污水处理厂排放的比例有所上升，但数量很少。随意排放的比例有所下降，但是占据大部分（表8-27）。

表 8-27 厨房用水处理方式统计

处理方式	项目村庄		非项目村庄	
	T1/%	T2/%	T1/%	T2/%
经污水处理厂处理后排放	0	14	0	4.08
全部回收利用	0	0	0	2.04
部分回收利用	8	14	16.33	18.37
经化粪池或沼气池处理	0	8	0	2.04
随意排放	92	64	83.67	73.47

非项目村庄大体情况与项目村庄类似，随意排放占据主导。项目实施之后，经化粪池和污水处理厂处理的比例有所上升，但仍然只是少部分。

整体来看，项目实施后，项目村庄的厨房用水处理方式比非项目村庄稍合理一些。

洗涤用水处理方式与厨房用水处理方式大体相似。农村地区很多家庭的洗涤用水是与卫生间用水一并处理的，所以项目实施后，经化粪池处理的比例稍比厨房用水高一点。大部分家庭的洗涤用水都是随意排放，经化粪池和污水处理厂排放的占据一小部分。项目实施之后，项目村庄随意排放的比例下降，经化粪池处理和经污水处理厂处理的比例上升。非项目村随意排放的比例也有所下降，经化粪池处理、污水处理厂处理和回收利用的比例均有上升（表 8-28）。

表 8-28　洗涤用水处理方式统计

处理方式	项目村庄		非项目村庄	
	T1/%	T2/%	T1/%	T2/%
经污水处理厂处理后排放	0	16	2.04	6.12
全部回收利用	0	0	0	0
部分回收利用	8	4	6.12	8.16
经化粪池或沼气池处理	0	8	0	4.08
随意排放	92	72	91.84	81.63
其他	0	0	0	0

总体来看，项目村在项目实施之后的变化幅度比非项目村大。

8.5　畜禽养殖及污染处理

项目实施前，大部分村庄养殖畜禽的都是一半左右。项目村庄和非项目村庄在项目实施之后养殖比例都有所下降（表 8-29）。

表 8-29　畜禽养殖情况

	项目村庄				非项目村庄			
	T1		T2		T1		T2	
	频数/人	百分比/%	频数/人	百分比/%	频数/人	百分比/%	频数/人	百分比/%
有养	20	40	10	20	24	48.98	17	34.69
没养	30	60	40	80	25	51.02	32	65.31

大部分调查对象的养殖粪便处理方式主要集中于直接还田、生产沼气和废弃，其中直接还田占据主要处理方式。项目村庄项目实施之后，废弃的比例上升，直接还田的处理方式有所下降，生产沼气的比例有所上升（表 8-30）。

表 8-30　畜禽养殖粪便处理方式统计

| 处理方式 | 项目村庄 | | | | 非项目村庄 | | | |
| | T1 | | T2 | | T1 | | T2 | |
	频数/人	百分比/%	频数/人	百分比/%	频数/人	百分比/%	频数/人	百分比/%
废弃	3	13.64	3	21.43	7	31.82	4	20.00
出售	0	0	0	0	1	4.55	1	5.00
直接还田	16	72.73	8	57.14	11	50.00	12	60.00
制作有机肥	0	0	0	0	1	4.55	1	5.00
生产沼气	1	4.55	2	14.29	1	4.55	1	5.00
其他	2	9.09	1	7.14	1	4.55	1	5.00

项目村庄的直接还田比例高于非项目村，整体的处理方式比非项目村庄稍微合理一些，但是非项目村庄的处理方式更多样化一些。从处理方式所占比例来看，应当积极将村民往更加合理有效的养殖粪便的处理方式上引导。

8.6　环境治理公共工程及满意度调查

从表 8-31 中可以看出，项目村庄大部分调查对象对这些项目都比较满意。其中，生活垃圾处理的满意度比例最高，其次是饮水安全工程、农药农膜处理、生活污水处理、畜禽养殖污染处理、公园生态工程。愿意付费比例最高的是生活垃圾处理，其次是饮水安全工程、公园生态工程、农药农膜处理、生活污水处理、畜禽养殖污染。

我们可以看出，环境项目的实施主要改善了生活垃圾处理方式，村民对于生活垃圾处理情况还是比较满意的。然而其他项目的改善情况相对较差，除了生活垃圾的处理，农村地区还有很多其他的项目需要改善。从付费比例可以看出，农民对于生活垃圾处理、饮水安全工程以及公园生态过程建设这些与自己密切相关的环境项目比较在意。在这些项目的处理上，可以一定程度上采取收费的形式，实行村民与政府合作治理的模式（表 8-31）。

表 8-31　项目村庄环境治理工程满意度

满意度	生活垃圾处理/%	生活污水处理/%	畜禽养殖污染/%	农药、农膜污染防治/%	公园生态工程建设/%	饮水安全工程/%
非常不满意	0	0	0	0	0	2
较不满意	0	4	10.87	2.17	6.98	4
一般	8	28	36.96	28.26	41.86	20
比较满意	54	48	39.13	54.35	44.19	46
非常满意	38	20	13.04	15.22	6.98	28
愿意付费/%	60	28	26	28.26	34.88	46
平均额度/元	38.17	32.14	26.92	22.31	24.78	133.15

非项目村与项目村的满意度情况大体类似。对于生活垃圾处理、生活污水处理、畜禽养殖污染、农药农膜处理、饮水安全工程，受访对象满意度是比较高的。满意度比例最高的是生活垃圾处理，其次是饮水安全工程、生活污水处理、农药农膜处理、畜禽养殖污染处理、公园生态工程建设。愿意付费比例最高的是生活垃圾处理，其次是饮水安全工程、公园生态工程、生活污水处理、畜禽养殖污染、农药农膜处理（表 8-32）。

表 8-32　非项目村庄环境治理工程满意度

满意度	生活垃圾处理/%	生活污水处理/%	畜禽养殖污染/%	农药、农膜污染防治/%	公园生态工程建设/%	饮水安全工程/%
非常不满意	0	4.08	4.44	0	6.98	2.04
较不满意	4.08	6.12	8.89	9.30	11.63	14.29
一般	12.24	46.94	48.89	51.16	55.81	38.78
比较满意	73.47	38.78	35.56	37.21	25.58	34.69
非常满意	10.20	4.08	2.22	2.33	0	10.20
愿意付费/%	55.10	22.45	22.22	18.60	23.26	42.86
平均额度/元	41.48	25	19	16.25	20	128.57

从愿意付费比例来看，生活垃圾处理、饮水安全工程、公园生态工程建设是最高的，村民对于这些跟自己密切相关的项目比较在意。所以在这几项的环境项目治理中，可以考虑让村民付费，实行村民与政府合作治理的方式。

项目村庄和非项目村的大部分村民对农村环境、乡政府工作、村委会工作都比较满意。

其中部分村民表示村干部基本没用，有些村干部甚至不住在村里，对村中平时情况一无所知。而上级政府也关注不到村这一级别，所以会有村民对乡政府以及村委会的工作不太满意。村委会应当尽职尽责，以身作则，多关注村庄情况，切实解决村民最需要解决的困难。

8.7 角色定位

通过调查了解到，村中环境的治理主体主要集中于村委会治理、合作治理和政府治理这三者。占据比例最高的是村委会治理，这说明村委会比较负责任，村民对村委会的工作还是比较信任的。从这一数据来看，在以后的治理当中，可以主要以村委会治理为主导（表 8-33）。

表 8-33　村中环境的治理主体

	项目村庄		非项目村庄	
	频数/人	百分比/%	频数/人	百分比/%
政府	7	14	9	18.37
村委会	26	52	25	51.02
村民	1	2	0	0
合作	16	32	13	26.53
其他	0	0	2	4.08

较大部分受访对象都表示只做好自己家庭周围的环境卫生，不多管闲事。这一定程度说明了村民的环境权利意识较差，并不认为自己有监督他人保护环境的权利。在以后的项目实施当中，首先要加强环境权利意识的宣传（表 8-34）。

表 8-34　做好家庭周围环境卫生，不多管闲事

	项目村庄		非项目村庄	
	频数/人	百分比/%	频数/人	百分比/%
是	25	50	25	51.02
否	25	50	24	48.98

大部分受访对象从来没有向村委会或政府提出过环保建议，也没有参加过环境治理意见征求会。说明目前村民对于环境治理的参与只停留在表面参与阶段。政府应当加强对农民环境意识的培养，同时积极引导农民对农村环境治理的参与。总体来看，项目村比非项目村的村民提建议的意识稍高一些（表 8-35、表 8-36）。

表 8-35　有没有向村委会或者政府提出环保建议

	项目村庄		非项目村庄	
	频数/人	百分比/%	频数/人	百分比/%
有	7	14	5	10.20
没有	43	86	44	89.80

表 8-36　是否参加过环境治理意见征求会

	项目村庄		非项目村庄	
	频数/人	百分比/%	频数/人	百分比/%
是	6	12.24	3	6.25
否	43	87.76	45	93.75

通过调查我们了解到，有小部分受访对象没有任何获取农村环境相关信息的方式，40%左右的受访对象是通过听村委会宣布的，还有 20%左右是通过媒体获知的。由于目前农村的整体受教育水平较低，有相当一部分甚至是没有受过教育的，所以这些人通过媒体获知环境信息相对比较困难。这就要求村委会要深入解读相关环境信息、政策等，保证尽可能多的村民了解环境相关信息（表 8-37）。

表 8-37 通过什么方式获知农村环境的相关信息

	项目村庄		非项目村庄	
	频数/人	百分比/%	频数/人	百分比/%
没有方式获知	3	6	5	10.2
听村委会宣布公示	22	44	19	38.78
听邻居或他人说的	8	16	6	12.24
媒体	9	18	12	24.49
多种方式	8	16	7	14.29

项目村庄有半数的受访对象表示将环境管理外包或者自己管理的形式都可行。因为有些项目村庄目前的环境管理方式非常类似于这两种形式，所以项目村庄有较多的村民可以接受。非项目村庄比较认同外包给外面的企业进行管理，他们不太同意自己管理，他们觉得自己选举成立的组织，通常比较有权势一点的人会选举上，选上之后都不做事，所以他们不同意自己成立组织管理的形式（表 8-38、表 8-39）。

表 8-38 农村环境管理外包给专业的环境管理企业是否可行

	项目村庄		非项目村庄	
	频数/人	百分比/%	频数/人	百分比/%
可行	32	64	28	57.14
不可行	1	2	0	0
不清楚	17	34	21	42.86

表 8-39 村民民主选举成立各村环境管理组织，村自筹资金，对本村环境进行治理

	项目村庄		非项目村庄	
	频数/人	百分比/%	频数/人	百分比/%
可行	25	50	18	36.73
不可行	7	14	11	22.45
不清楚	18	36	20	40.82

8.8　制度建设

从表 8-40 可以看出，调查地区的大部分村庄制度建设都较不完善，除了大部分村庄都有专人负责清理垃圾之外，其余制度建设都有待加强。这说明总体来说，农村的环境治理还有很长一段路要走，要想改善农村环境，首先要将最基本的制度设施建设完善起来。

表 8-40　农村环境各项制度管理情况

	是否开展宣传教育	资金是否公开	是否有专人负责清理垃圾	村规民约是否包含环境保护内容	政府是否出台环境政策	是否有奖罚措施	是否发放垃圾桶	环境治理是否收费
	项目村庄/%							
是	68	16	100	58	46	24	52	8
否	22	48	0	16	24	56	48	92
不清楚	10	36	0	26	30	20	0	0
	非项目村庄/%							
是	61.22	16.33	95.92	46.94	46.94	40.82	20.41	48.98
否	28.57	36.73	2.04	20.41	20.41	18.37	51.02	51.02
不清楚	10.20	46.94	2.04	32.65	32.65	40.82	28.57	0

大部分受访对象都反映村中生活垃圾治理模式由村委会或政府出资雇人处理，还有部分是村委会或政府出资处理。项目村庄无人处理的比例是 2%，非项目村庄无人处理的比例是 12.24%。生活污水的治理模式和养殖污水的治理模式，项目村庄主要集中在无人管理、由村委会或者政府出资雇人处理、其他方式处理、其中无人管理的比例最大；非项目村庄主要集中于无人管理、由村委会或政府及村民共同出资处理，无人管理的比例超过半数。因为大部分村庄不存在养殖大户，所以对他们来说，不存在较大的养殖污染，也没有太多养殖污水，所以，项目村和非项目村养殖污水处理无人管理的比例略高（表 8-41）。

表 8-41　农村环境治理各主体出资情况

	生活垃圾治理模式	生活污水治理模式	养殖污水治理模式
	项目村庄/%		
由村委会或者政府出资雇人处理	72	22	12
承包给企业处理	4	0	0
村委会或政府、村民共同出资处理	22	6	2
由村委会或村民成立相关组织处理	0	0	0
无人管理	2	52	86
其他方式	0	20	0
	非项目村庄/%		
由村委会或者政府出资雇人处理	77.55	12.24	4.08
承包给企业处理	0	0	0
村委会或政府、村民共同出资处理	10.20	16.33	0
由村委会或村民成立相关组织处理	0	0	0
无人管理	12.24	71.43	93.88
其他方式	0	0	2.04

对比项目村和非项目村，项目村的治理情况稍好一些，治理的比例比非项目村高一些。但是总体而言，还需进一步的治理。生活垃圾的治理模式目前相对比较完善，但是生活污水治理仍然需要进一步的管理。

8.9　参与环境治理意愿

总体来看，项目村庄的参与意愿百分比略高于项目村庄。这可能与非项目村庄的实际情况有很大关系，非项目村庄整体环境较差，所以大部分村民都认为依靠自身的参与无法对环境做出很大的改变（表 8-42）。

表 8-42　参与意愿

	项目村庄		非项目村庄	
	频数/人	百分比/%	频数/人	百分比/%
不愿意	7	14	11	22.45
比较不愿意	1	2	4	8.16
一般	7	14	5	10.20
比较愿意	15	30	16	32.65
非常愿意	20	40	13	26.53

　　项目村当中，5 项参与意愿百分比都超过了 50%，说明受访对象对于环境保护参与意愿是比较高的。参与意愿最多的是生活垃圾分类处理，最低的是参与村中听证会，因为调查对象很大一部分是偏老年人群，他们对于这一项表示自己年事已高，一般很少参与，都是年轻人参与较多（表 8-43）。

表 8-43　具体环境行为参与意愿

	项目村庄		非项目村庄	
	是/%	否/%	是/%	否/%
您是否愿意对生活垃圾进行分类处理	78	22	67.35	32.65
如果遇到别人破坏环境，您是否愿意制止	76	24	65.31	34.69
村中进行听证，您是否愿意提出意见	52	48	40.82	59.18
您是否愿意参与到环境宣传活动当中	68	32	66.67	33.33
如果村中有环境保护组织，您是否愿意参与	68	32	60.42	39.58

　　非项目村中，5 项参与行为，除了参与听证会提出意见外，其他参与百分比也全部超过 50%，非项目村的参与意愿较项目村比较低。

　　除此之外，还有一点值得我们关注。在这 5 项具体环境行为的参与意愿当中，项目村只有"对生活垃圾进行分类处理"和"别人破坏环境是否愿意制止"2 项的参与意愿比例超过了表 8-42 中的参与意愿比例 70%，其余 4 项的参与意愿比例都低于 70%。而非项目村除了"村中听证会是否愿意提出意见"其他都超过了表 8-44 中的参与意愿比例 59.18%。

项目村庄当中，有 4 项参与行为显示从不参与的百分比超过了 50%，也就是说有 4 项环境参与行为，大部分受访对象从没参与过，包括环境意见征询或问卷调查；就环境治理项目发表意见，主动提出建议；向政府、村委会反映过意见建议或进行投诉；组织村民自发开展环境卫生治理。参与度最高的是生活中经常关注环境相关信息，其次是生活垃圾分类处理。

非项目村中，有 5 项参与行为显示从不参与的百分比超过了 50%，也就是说有 5 项环境参与行为，大部分受访对象从没参与过，包括环境意见征询或问卷调查；就环境治理项目发表意见，主动提出建议；向政府和村委会反映过意见建议或进行投诉；响应政府或其他团体举办的环保宣传活动；组织村民自发开展环境卫生治理。参与度最高的生活垃圾分类处理，其次是生活中经常关注环境相关信息（表 8-44）。

表 8-44　参与行为

项目村庄			
	从不/%	偶尔/%	经常/%
垃圾分类处理	46	38	16
生活中经常关注环境相关信息	24.49	57.14	18.37
环境意见征询或问卷调查	70	30	0
就环境治理项目发表意见，主动提出建议	68	28	4
向政府、村委会反映过意见建议或进行投诉	67.35	32.65	0
响应政府、其他团体举办的环保宣传活动	50	32	18
组织村民自发开展环境卫生治理	73.47	16.33	10.20
非项目村庄			
	从不/%	偶尔/%	经常/%
垃圾分类处理	42.86	36.73	20.41
生活中经常关注环境相关信息	42.86	44.90	12.24
环境意见征询或问卷调查	89.80	8.16	2.04
就环境治理项目发表意见，主动提出建议	83.67	12.24	4.08
向政府、村委会反映过意见建议或进行投诉	79.59	16.33	4.08
响应政府、其他团体举办的环保宣传活动	59.18	30.61	10.20
组织村民自发开展环境卫生治理	73.47	26.53	0

对比项目村和非项目村，可以发现，两者当中村民参与行为情况类似，项目村的参与情况稍优于非项目村，但是两者当中村民的环境行为参与度都比较低。

生活垃圾分类处理和生活中经常关注环境相关信息这两者都属于独立性的，是不牵涉他人不牵涉政府的环保行为，而其他环境行为均为非独立性的。我们发现，不牵涉他人不牵涉政府的环保行为，农民参与度相对较高；对于非独立性的，涉及他人或者政府的行为，农民参与度较低。

经过调查我们发现，村民的参与意愿与实际参与行为之间存在严重的悖离。表 8-45 显示，愿意参与环境治理的百分比占 64%。但是表 8-47 中，7 项实际环境参与行为中，除了"生活中经常关注环境信息"占比 66.33%，其他 6 项没有一项超过 64%。参与比例最低的是"环境意见征询或问卷调查"，占比 20.2%。农民参与环境治理涉及方方面面的因素，参与意愿与实际参与行为之间为什么存在严重悖离，值得我们继续深究（表 8-46）。

表 8-45　整体参与意愿

	频数/人	百分比/%
不愿意	18	18.18
比较不愿意	5	5.05
一般	12	12.12
比较愿意	31	31.31
非常愿意	33	33.33

表 8-46　具体环境行为整体参与意愿

项目	是/%	否/%
您是否愿意对生活垃圾进行分类处理	72.73	27.27
如果遇到别人破坏环境，您是否愿意制止	70.71	29.29
村中进行听证，您是否愿意提出意见	46.46	53.54
您是否愿意参与到环境宣传活动当中	67.35	32.65
如果村中有环境保护组织，您是否愿意参与	64.29	35.71

表 8-47　参与行为统计

	从不/%	偶尔/%	经常/%
垃圾分类处理	44.44	37.37	18.18
生活中经常关注环境相关信息	33.67	51.02	15.31
环境意见征询或问卷调查	79.80	19.19	1.01
就环境治理项目发表意见，主动提出建议	75.76	20.20	4.04
向政府、村委会反映过意见建议或进行投诉	73.47	24.49	2.04
响应政府、其他团体举办的环保宣传活动	54.55	31.31	14.14
组织村民自发开展环境卫生治理	73.47	21.43	5.10

8.10　总结

总体来看，调查对象当中老年人偏多，整体受教育水平不高，村民对于环境治理项目的了解程度很低，这是影响环境治理效果的重要因素之一。

项目村庄在项目实施之后，厨余垃圾、农药瓶和塑料袋的处理方式有所变化，处理方式较之前更为合理；但是塑料瓶、废旧纸箱这些可回收、可出售的垃圾处理方式并无较大变化。关于垃圾处理方式的评价，项目实施之后比项目实施之前评价稍高一些。

大部分村民对于环境治理项目还是比较满意的。对于与自己生活息息相关的环境项目，大部分村民表示愿意付费。这说明在今后的环境治理过程中，可以尝试让农民参与多元合作治理模式。大部分受访对象都表示只做好自己家庭周围的环境卫生，不多管闲事，这一定程度上说明了村民的环境权利意识较差。在以后的项目实施当中，首先要加强环境权利意识的宣传。

目前村民对于环境治理的参与还停留在表面阶段。村中的制度设施建设还不够完善。村民的实际环境参与度非常低，需要加强环境知识的宣传教育。村中制度建设中除了生活垃圾的治理模式目前相对比较完善，其他治理模式仍然需要进一步的完善。

　　总体而言，项目村在各方面比非项目村要更加完善，做得更好。这说明项目村之所以能成为项目试点，是因为其本身各方面的基础条件较非项目村庄更好、更优越。农民参与环境治理的意愿与实际参与行为之间存在严重悖离，这一情况值得我们继续探究。

9 陕西省农村环境治理公众参与实证研究

此次调研共涉及陕西省西安、延安、榆林 3 个城市 22 个村庄，其中包括 11 个项目村，11 个非项目村庄，共得到问卷 132 份。调查内容包括农民个人与家庭基本情况、生活垃圾处理情况、环境治理公共工程及满意度调查情况、主观认知状况情况、农民对自己的角色定位、村中制度建设情况，村庄社会资本与农民行为表现、农民参与意愿调查、农民参与行为调查、生活垃圾处理成本与收益情况。

9.1 农民个人与家庭基本情况

在调查的受访对象中，家庭成员数量主要集中在 4～6 口，占比为 56.06%，平均家庭人口数量为 4.97 个。其中，4 口和 6 口家庭各有 25 个，占比最多。1 口的家庭只有 1 个，占比最少（表 9-1）。

表 9-1　农民个人与家庭基本情况

家庭成员数量/人	频数/人	百分比/%	常住人口/人	频数/人	百分比/%
1	1	0.76	1	9	6.82
2	15	11.36	2	62	46.97
3	20	15.15	3	18	13.64
4	25	18.94	4	16	12.12
5	24	18.18	5	9	6.82
6	25	18.94	6	11	8.33
7	8	6.06	7	5	3.79
8	2	1.52	8	0	0
>8	12	9.09	>8	2	1.52
平均人口/人	4.97		平均人口/人	3.18	

  家庭常住人口数量主要集中在 2~4 口，占比为 72.73%，家庭常住人口平均数量为 3.18 个。通过表 9-1 我们可以观察到，从平均数量上看，家庭常住人口数量比家庭总成员数量少 2 个人，这是因为在调查的农村当中，大部分家庭都会有人口外出务工，所以常住人口数量会比总成员数量少。在农村，外出务工现象还是比较普遍的。

  调查对象的年龄大部分集中在 40~69 岁，占比为 73.49%，最小年龄为 17 岁，最大为 83 岁。其中 60 岁以上人群占比为 42.43%，即留在农村的常住人口中有 40% 是老年人口，中青年人口大部分都外出务工，这进一步说明了农村人口老龄化现象严重（表 9-2）。

表 9-2 调查对象年龄分布情况

年龄/岁	频数/人	百分比/%
20 以下	1	0.76
20~29	10	7.58
30~39	10	7.58
40~49	20	15.15
50~59	35	26.52
60~69	42	31.82
70~79	9	6.82
80 以上	5	3.79

  调查对象中男性占比为 48.46%，女性占比为 51.54%，受访对象中女性比例要高于男性比例；已婚人群占比为 93.94%，未婚人群占比为 6.06%，已婚人群占比远超未婚人群（表 9-3）。

表 9-3 调查对象婚姻状况

性别	频数/人	百分比/%	婚姻状况	百分比/%
男	63	48.46	未婚	6.06
女	67	51.54	已婚	93.94

调查对象当中，有约 22%的人没有受过教育，约 31%的人受教育程度为小学文化水平，约 34%的人受教育程度是初中文化水平，高中及以上文化水平仅占 10%左右。但总体来说，受访地区的农民文化程度相对福建地区来说还是比较好的，约有 80%的人文化水平在小学以上。改善农村环境，通过提高其受教育水平来提高农民环境参与度是十分重要的手段（表 9-4）。

表 9-4 调查对象受教育情况

受教育程度/a	频数/人	百分比/%
0	30	22.73
1～6	42	31.82
7～9	45	34.09
10～12	5	3.79
13～15	6	4.55
15 以上	4	3.03

调查对象当中，绝大部分人不是村干部，村干部比例仅为 4.55%，绝大部分人也不是党员，党员比例仅占 9.16%（表 9-5）。

表 9-5 调查对象是否为村干部或党员情况

	频数/人	百分比/%		频数/人	百分比/%
村干部	6	4.55	党员	12	9.16
非村干部	126	95.45	非党员	119	90.84

在调查中发现，目前农民的主要工作不仅仅是种植业，还有建筑业，住宿餐饮、批发零售等其他行业。随着农村经济水平的提升，农民的经济收入也比之前有了提升，农民对于第三产业的需求也有了较大提升，所以除第一产业之外，作为第三产业的服务业在农村也逐渐发展起来。调研期间适逢蒙华铁路建设，由此带动了当地的建筑业和交通运输业的发展。但相对于建筑业和交通运输业的占比 4%来说，批发零售业和住宿餐饮业的 17%所占比重更大，因为它与村民的生活更加息息相关（表 9-6）。

表 9-6　调查对象从事行业情况

行业	频数/人	百分比/%	行业	频数/人	百分比/%
种植业	60	60.00	建筑业	3	3.00
林业	0	0	交通运输业	1	1.00
畜牧业	1	1.00	仓储邮政业	0	0
渔业	0	0	批发零售业	8	8.00
采矿业	0	0	住宿餐饮业	9	9.00
制造业	0	0	其他	13	13.00
电力燃气业	0	0	无	5	5.00

通过调查我们可以发现，农村中大部分人的健康水平集中于比较好和非常好两个等级。健康状况比较差的占比约 12%。健康状况一般的占比约 10%（表 9-7）。

表 9-7　调查对象健康状况

健康状况	频数/人	百分比/%
非常差	1	0.76
比较差	16	12.12
一般	14	10.61
比较好	64	48.48
非常好	37	28.03
平均分	3.91	

在项目村庄当中，知晓项目的仅占 30% 左右，不知晓的占比约 70%，项目村庄的大部分人都不知道有环境治理的项目，这会大大影响项目实施的效果。说明政府以及村委会对项目的宣传力度不够，也说明村民对环境项目的关注度有待提升（表 9-8）。

表 9-8　调查对象对项目知晓程度

项目村	频数/人	百分比/%	非项目村	频数/人	百分比/%
知晓项目	19	29.23	知晓项目	10	14.93
不知晓	46	70.77	不知晓	57	85.07

非项目村庄知晓项目的人占比则更少，仅占 14.93%，不知晓项目的人数占了绝大部分。说明项目村庄村民对于环境项目的知晓情况还是比非项目村庄村民稍好一些。这与农民较少使用电脑和手机等多媒体设备，导致信息共享滞后的情况息息相关。

项目村庄距离城镇的距离有近 70% 的农民反映在 0～5 km，约 23% 的人反映在 5～10 km，约 9% 的人反映在 10 km 以上，平均距离城镇距离为 5.54 km；非项目村庄约 32% 的人反映在 0～5 km，约 50% 的人反映在 5～10 km，约 18% 的人反映在 10 km 以上，平均距离城镇的距离为 7.68 km。由此可以看出，项目村庄距离城镇的平均距离与非项目村庄距离城镇的平均距离相差不大，项目村和非项目村的选择与到城镇距离关系不大（表 9-9）。

表 9-9 项目村与非项目村距城镇距离

项目村庄			非项目村庄		
距城镇距离/km	频数/人	百分比/%	距城镇距离/km	频数/人	百分比/%
$0<S\leqslant5$	34	66.67	$0<S\leqslant5$	18	32.14
$5<S\leqslant10$	12	23.52	$5<S\leqslant10$	28	50.12
$10<S\leqslant15$	0	0	$10<S\leqslant15$	4	7.14
$15<S\leqslant20$	1	1.96	$15<S\leqslant20$	2	3.57
>20	4	7.84	>20	4	7.14
平均值/km	5.54		平均值/km	7.68	

可以看出项目村庄的家庭总收入和家庭总支出在项目实施之后均有所上涨，项目实施之前支出占收入比重为 57.37%，项目实施之后支出占收入比重为 57.68%，家庭总支出始终占据家庭总收入较大比重，一定程度上说明农民的消费需求较大；非项目村庄家庭总收入、家庭总支出在项目实施之后都有所上升，项目实施之前支出占收入比重为 48.24%，项目实施之后支出占收入比重为 46.25%。总体来说，项目村庄在项目实施前后的家庭总收入和家庭总支出均高于非项目村庄。由此可见，项目村庄经济发展水平较非项目村庄要高些（表 9-10）。

表 9-10 项目村与非项目村收入情况 单位：万元

	项目村庄				非项目村庄		
	家庭总收入	家庭农业总收入	家庭总支出		家庭总收入	家庭农业总收入	家庭总支出
T1 平均值	5.02	1.25	2.88	T1 平均值	3.98	1.17	1.92
T2 平均值	7.49	1.43	4.32	T2 平均值	5.73	1.23	2.65

9.2 垃圾处理情况

总体来看，项目村庄的厨余垃圾重量比非项目村庄重，项目村庄在项目实施之后平均厨余垃圾重量增加了，而非项目村庄在项目实施之后的厨余垃圾反而有所减少，但效果并不显著。这并不能说明项目的实施没有作用，因为随着生活水平的提升，农民生活条件也比之前好了很多，对于剩饭剩菜没有之前那么重视了，而且养殖家禽也比之前减少了，剩饭剩菜自然会多出（表 9-11）。

表 9-11 厨余垃圾平均重量 单位：kg/d

	项目村庄	非项目村庄
T1	1.76	1.57
T2	1.90	1.54

项目村在项目实施之前的厨余垃圾处理方式主要集中在随意丢弃和直接扔进垃圾桶这两种方式，占比最多的 36.07% 为随意丢弃，其次是直接扔进垃圾桶，占比为 34.43%，作为饲料的占比为 22.95%，说明项目村庄的村民在项目实施之前对垃圾处理的方式不太理想；项目实施之后直接扔进垃圾桶的占比增加，随意丢弃的人数明显减少，说明环境治理项目的实施在规范农民处理垃圾方面有所成效，但是随意丢弃现象并没有完全消失（表 9-12）。

表 9-12　厨余垃圾处理方式统计

项目村庄				
	T1		T2	
处理方式	频数/人	百分比/%	频数/人	百分比/%
随意丢弃	22	36.07	2	3.45
直接扔进垃圾桶	21	34.43	43	74.14
分类扔进垃圾桶	0	0	0	0
饲料	14	22.95	12	20.69
其他	4	6.56	1	1.72
非项目村庄				
	T1		T2	
处理方式	频数/人	百分比/%	频数/人	百分比/%
随意丢弃	13	20.31	3	4.92
直接扔进垃圾桶	28	43.75	36	59.02
分类扔进垃圾桶	2	3.13	5	8.20
饲料	16	25.00	14	22.95
其他	5	7.81	3	4.92

非项目村在项目实施之前的厨余垃圾处理方式主要集中在随意丢弃、直接扔进垃圾桶和当作饲料这 3 种处理方式，项目实施之后，随意丢弃的人大幅下降，直接扔进垃圾桶的人比例较之前有所提升。分类扔进垃圾桶的比例也上升了不止 1 倍，但占比仍然只是一小部分。当作饲料的比例略有下降。

值得关注的是，在项目实施之前，项目村庄对厨余垃圾的处理方式反而没有非项目村庄合理；但在项目实施之后，项目村庄随意丢弃厨余垃圾的情况少于非项目村庄，而直接扔进垃圾桶的比例增加的速度也快于非项目村庄，说明项目实施还是有一定成效的。

可以看出，项目村庄的农药瓶使用量高于非项目村。项目村庄在项目实施之后农药瓶数量有所减少，而非项目村庄在项目实施之后的农药瓶数量却有所增长。由此可见，项目村庄对农药使用情况有所规范，农药使用情况有较大改善（表 9-13）。

表 9-13　农药瓶平均数量　　　　　　　　　　　　单位：个/a

	项目村庄	非项目村庄
T1	28.52	14.97
T2	15.27	15.22

项目实施前，项目村的农药瓶处理方式主要是随意丢弃和直接扔进垃圾桶，占比 80%以上，且直接丢弃的处理方式占比高于直接扔进垃圾桶。项目实施之后直接扔进垃圾桶的处理方式占比高于随意丢弃，说明项目的实施，对农民环保意识的提高有一定的作用（表 9-14）。

表 9-14　农药瓶处理方式统计

项目村庄				
	T1		T2	
处理方式	频数/人	百分比/%	频数/人	百分比/%
随意丢弃	24	64.86	12	36.36
直接扔进垃圾桶	7	18.92	13	39.39
分类扔进垃圾桶	0	0	2	6.06
出售	4	10.81	5	15.15
其他	2	5.41	1	3.03

非项目村庄				
	T1		T2	
处理方式	频数/人	百分比/%	频数/人	百分比/%
随意丢弃	29	70.73	19	48.72
直接扔进垃圾桶	9	21.95	15	38.46
分类扔进垃圾桶	2	4.88	4	10.26
出售	0	0	0	0
其他	1	2.44	1	2.56

非项目村的农药瓶主要处理方式在项目实施前后变化较大。项目实施之前，随意丢弃占主要地位，70.73%的农民会选择随意丢弃；项目实施之后，随意丢弃的处理方式占比下降到了48.72%，将农药瓶直接扔进垃圾桶的比例增长了约6%。非项目村庄对于农药瓶的处理比之前有较大的改观。

从调查结果来看，非项目村庄的塑料瓶平均使用量比项目村庄高一些。项目实施之后，项目村和非项目村的塑料瓶平均使用量都比之前有提升，项目村塑料瓶使用量上涨了270.98%，非项目村上涨了105.30%。由此可见，项目村的消费需求增长速度远超非项目村，这也一定程度上说明了项目村的经济发展情况较非项目村好一些（表9-15）。

表 9-15　塑料瓶平均数量　　　　　　　　　　　　　　　　单位：个/a

	项目村庄	非项目村庄
T1	138.68	252.05
T2	514.48	517.45

项目实施前，项目村庄对于塑料瓶的处理方式主要是直接扔进垃圾桶和出售给废品收购站，大部分是出售给废品收购站，也有部分人会将塑料瓶随意丢弃或者焚烧；项目实施之后的处理方式并无太大变化，直接扔进垃圾桶和焚烧的人比例稍有下降，出售给废品收购站的人比例稍有上升（表9-16）。

表 9-16　塑料瓶处理方式统计

项目村庄				
	T1		T2	
处理方式	频数/人	百分比/%	频数/人	百分比/%
随意丢弃	3	6.00	0	0
焚烧	2	10.00	3	5.17
直接扔进垃圾桶	9	18.00	10	17.24
分类扔进垃圾桶	0	0	0	0
出售给废品收购站	34	68.00	43	74.14
其他	2	4.00	2	3.45

非项目村庄				
	T1		T2	
处理方式	频数/人	百分比/%	频数/人	百分比/%
随意丢弃	4	7.84	3	5.26
焚烧	2	3.92	2	3.51
直接扔进垃圾桶	5	9.80	4	7.02
分类扔进垃圾桶	0	0	0	0
出售给废品收购站	39	76.47	45	78.95
其他	1	1.96	3	5.26

项目实施前，非项目村庄的主要处理方式也是直接扔进垃圾桶和出售给废品收购站，大部分是出售给废品收购站；项目实施之后，出售给废品收购站的占比有所上升，直接扔进垃圾桶的占比有所下降，随意丢弃的人占比也有所下降。

上文表 9-15 提及项目村庄和非项目村庄在项目实施之后塑料瓶数量都大幅上升，而后对于塑料瓶的处理方式上，出售给废品收购站的比例也有明显的上升，说明塑料瓶数量的增加使部分村民发现可以"积少成多"，售卖塑料瓶带来收益。总体而言，非项目村庄对于塑料瓶的处理方式要优于项目村。但项目实施前后项目村庄的对比变化比非项目村显著，说明项目的实施起到了一定的效果，但还有待时间的进一步检验。

从表 9-17 可以看出，项目实施之前，项目村庄的废旧纸箱平均使用量远少于非项目村庄。项目实施之后，项目村庄的废旧纸箱平均使用量显著提高，并超过了非项目村庄的废旧纸箱的使用量。废旧纸箱使用量的上升也一定程度上说明了农民的消费需求逐渐上升。

表 9-17　废旧纸箱平均重量　　　　　单位：kg/a

	项目村庄	非项目村庄
T1	10.42	27.34
T2	25.90	21.04

对于废旧纸箱的处理，项目村的主要处理方式是焚烧和出售给废品收购站，主要是出售。项目实施之后，焚烧和直接扔进垃圾桶的处理方式占比稍有变少，出售给废品收购站的占比稍有上涨。但总体上并没有太多变化（表 9-18）。

表 9-18 废旧纸箱处理方式统计

项目村庄				
	T1		T2	
	频数/人	百分比/%	频数/人	百分比/%
随意丢弃	0	0	0	0
焚烧	7	14.58	7	12.96
直接扔进垃圾桶	2	4.17	1	1.85
分类扔进垃圾桶	0	0	0	0
出售给废品收购站	37	77.08	44	81.48
其他	2	4.17	2	3.70
非项目村庄				
	T1		T2	
	频数/人	百分比/%	频数/人	百分比/%
随意丢弃	1	1.79	0	0
焚烧	8	14.29	10	17.54
直接扔进垃圾桶	2	3.57	1	1.75
分类扔进垃圾桶	0	0	0	0
出售给废品收购站	44	78.57	43	75.44
其他	1	1.79	3	5.26

非项目村庄的主要处理方式也是焚烧和出售给废品收购站，绝大部分是出售给废品收购站。项目实施之后，直接扔进垃圾桶的占比稍微有所上涨，出售给废品收购站的占比有所减少，而焚烧的占比有上涨的情况。

总结上述情况我们发现，凡是可以出售的可回收垃圾，无论项目村还是非项目村，处理方式在项目实施前后变化不大。这是因为这些垃圾是可以出售卖钱的，农民可以从中获取收益，所以大部分会选择卖掉。

项目村庄与非项目村庄的塑料袋平均使用量大致相同，在项目实施之后平均使用数量都有所上涨。项目村庄的使用量略高于非项目村庄（表 9-19）。

表 9-19 塑料袋平均使用数量   单位：个/d

	项目村庄	非项目村庄
T1	2.19	1.35
T2	4.15	2.24

　　项目实施前，项目村庄的塑料袋处理方式主要集中于随意丢弃、焚烧和直接扔进垃圾桶，焚烧的处理方式占比最多。项目实施之后，焚烧和直接扔进垃圾桶的处理方式比例又有所上升，随意丢弃的方式比例下降。这可能与农民的环境意识不足有关，他们认为焚烧也是一种比较有效的垃圾处理方式，所以会有很多人选择焚烧（表 9-20）。

表 9-20 塑料袋处理方式统计

项目村庄				
	T1		T2	
	频数/人	百分比/%	频数/人	百分比/%
随意丢弃	12	20.69	1	1.56
焚烧	20	34.48	25	39.06
直接扔进垃圾桶	19	32.76	29	45.31
分类扔进垃圾桶	3	5.17	4	6.25
出售给废品收购站	4	6.90	5	7.81
非项目村庄				
	T1		T2	
	频数/人	百分比/%	频数/人	百分比/%
随意丢弃	6	10.91	4	6.67
焚烧	16	29.09	18	30.00
直接扔进垃圾桶	27	49.09	32	53.33
分类扔进垃圾桶	4	7.27	4	6.67
出售给废品收购站	2	3.64	2	3.33

项目实施前，非项目村庄处理方式主要集中在随意丢弃、焚烧和直接扔进垃圾桶，直接扔进垃圾桶的方式占据将近一半的比例。项目实施之后，焚烧的比重增加，随意丢弃的方式比例减少，直接扔进垃圾桶的方式比例略有增加。可见农民的环保意识比较缺乏，政府或村委会应当积极宣传环境保护知识，提高农民的环境意识。

对比可见，在塑料袋的处理上，非项目村庄的处理方式优于项目村庄，说明项目的实施方式还有待改进。

经调查发现，所有调查对象的其他投入在项目实施之后较项目实施之前都有所提升。农村的基础设施的发展和经济水平的提高，使得农民在垃圾处理方面的其他投入都有上升（表 9-21）。

表 9-21　其他投入

项目村庄				
	平均垃圾桶数量/个	平均垃圾桶市场价/（元/a）	平均垃圾袋花费/（元/a）	平均到垃圾点距离/m	平均到垃圾点时间/min
T1	1.11	8.05	19.53	76.27	2.18
T2	2.77	22.65	39.84	119.85	3.05
非项目村庄				
	平均垃圾桶数量/个	平均垃圾桶市场价/（元/a）	平均垃圾袋花费/（元/a）	平均到垃圾点距离/m	平均到垃圾点时间/min
T1	0.68	3.71	1.43	70.54	2.36
T2	1.62	9.17	5.58	93.95	2.75

通过项目村与非项目村平均到垃圾点距离的对比，可以发现，项目村庄反而会比非项目村庄更远一些。这是因为在非项目村庄，很多农民反映他们会把垃圾直接倒在路边或者河里，这样一来，农民会选择自己方便的地方随意丢弃垃圾，所以会出现项目村到垃圾点的距离远于非项目村。

9.3 对处理方式的评价

项目村庄村民的自我评价，在项目实施之前大部分都对自己的处理方式不太满意；但项目实施之后，绝大部分都对自己目前的处理方式比较满意。这一变化说明项目的实施确实一定程度上改善了项目村庄的生活垃圾处理情况（表 9-22）。

表 9-22　自我评价

	项目村庄				非项目村庄			
	T1		T2		T1		T2	
	频数/人	百分比/%	频数/人	百分比/%	频数/人	百分比/%	频数/人	百分比/%
非常不合理	3	4.69	0	0	3	4.48	0	0
较不合理	24	37.50	3	4.69	23	34.33	3	4.48
一般	11	17.19	9	14.06	13	19.40	14	20.90
较合理	24	37.50	47	73.44	23	34.33	43	64.18
非常合理	2	3.13	5	7.81	5	7.46	7	10.45

非项目村庄在项目实施前的同一时期，大部分的村民都对自己的生活垃圾处理方式不太满意；项目实施之后，绝大部分村民都对目前的处理方式比较满意。非项目村庄在这期间虽然并没有实施农村环境连片整治项目，但是可能会有一些其他方面的改善环境的措施，使得农村环境相比之前有较大改善。

对比项目村庄和非项目村庄，项目实施之前，项目村庄的不满意比例高于非项目村庄；但在项目实施之后，项目村庄的满意比例高于非项目村庄。这一定程度上说明了项目村庄的项目实施力度或改善程度相对较大。

关于不良影响，大部分村民都认为没有什么不良影响或者影响较小。项目村庄在项目实施之前 30% 以上的人都认为没有什么影响，项目实施之后认为没什么影响的人数增加到 50% 以上。非项目村庄在项目实施之前将近 40% 的人认为没什么影响，项目实施之后近 60% 的人认为没什么影响。对比项目村和非项目村，非项目村对自己处理生活垃圾的评价较高，认为没有什么不良影响的人要比项目村庄多（表 9-23）。

表 9-23　不良影响评价

	项目村庄				非项目村庄			
	T1		T2		T1		T2	
	频数/人	百分比/%	频数/人	百分比/%	频数/人	百分比/%	频数/人	百分比/%
没有影响	21	32.81	32	50.00	27	40.30	39	58.21
影响较小	23	35.94	23	35.94	24	35.82	24	35.82
一般	11	17.19	6	9.38	9	13.43	3	4.48
影响较大	8	12.50	3	4.69	6	8.96	1	1.49
影响非常大	1	1.56	0	0	1	1.49	0	0

　　总体来看，无论是哪种处理生活垃圾的方式大部分村民都认为没有什么负担，项目实施之前的处理方式无外乎是扔到河里或者焚烧，这些仅仅只是走几步路或者烧一把火，对于村民来说构不成负担。项目村庄在项目实施之前仅有少部分人认为有负担，项目实施之后全部的受访对象都认为没有任何负担。非项目村庄在项目实施之后认为有负担的比重有所减少（表 9-24）。

表 9-24　负担评价

	项目村庄				非项目村庄			
	T1		T2		T1		T2	
	频数/人	百分比/%	频数/人	百分比/%	频数/人	百分比/%	频数/人	百分比/%
几乎没有负担	45	70.31	49	75.56	49	73.13	52	77.61
负担较小	10	15.63	13	20.31	8	11.94	10	14.93
一般	7	10.94	2	3.13	7	10.45	4	5.97
负担较大	2	3.13	0	0	3	4.48	1	1.49
负担非常大	0	0	0	0	0	0	0	0

　　对比项目村和非项目村，非项目村庄的负担评价稍微高一些，说明项目村庄基础设施建设更为完善。

　　项目实施前，项目村庄的受访对象大部分认为处理垃圾的方式没有什么收益，但是项目的实施，增加了村中垃圾桶的数量，也有专人负责清理，村中环境有所改善，所以认为有较大收益的比例有所上涨。项目实施前，非项目村庄也是大部分人认为处理方式没有什么收益，项目实施之后，认为有收益的比例有提高（表9-25）。

表9-25　收益评价

	项目村庄				非项目村庄			
	T1		T2		T1		T2	
	频数/人	百分比/%	频数/人	百分比/%	频数/人	百分比/%	频数/人	百分比/%
几乎没有收益	41	64.06	23	35.94	38	56.72	26	38.81
收益较小	15	23.44	19	29.69	19	28.36	18	26.87
一般	6	9.38	6	9.38	6	8.96	5	7.46
收益较大	2	3.13	15	23.44	4	5.97	15	22.39
非常有收益	0	0	1	1.56	0	0	3	4.49

对比两种村庄，项目村的收益评价在项目实施之后总体并未比非项目村要好。但是通过以上调查数据我们也可以发现，项目实施之后与实施之前变化不大，村民对于目前垃圾处理方式的评价不高，可见项目实施的效果并不是很理想。应该加大项目的实施力度，做好项目宣传，积极调动农民的参与配合，才能使最后的实施效果更加理想。

9.4　污水处理

可以看出，项目村庄与非项目村庄在项目实施之后的用水总量均有提升，但项目村庄的用水总量一直高于非项目村庄，在项目实施之后更是远超非项目村庄（表9-26）。

表9-26　用水总量　　　　　　　　　　　　　　　　　　单位：t/月

	项目村庄	非项目村庄
T1	11.47	6.22
T2	40.93	7.18

在项目村庄，调查的大部分地区，厨房用水都是通过下水沟直接排放到河里，很少有村庄修建污水处理厂，所以大部分人的厨房用水都是随意排放，小部分人厨房用水与厕所用水一起通过化粪池后处理。项目的实施，使得部分村庄有了污水处理厂，但也只是少数，所以项目实施之后，经污水处理厂排放的比例有所上升，但数量很少。随意排放的比例有所下降，但是仍占据大部分（表9-27）。

表 9-27　厨房用水处理方式统计

处理方式	项目村庄		非项目村庄	
	T1/%	T2/%	T1/%	T2/%
经污水处理厂处理后排放	1.54	3.08	0	5.97
全部回收利用	0	0	1.49	1.49
部分回收利用	12.31	12.31	10.45	13.43
经化粪池或沼气池处理	1.54	6.15	0	0
随意排放	84.62	78.46	88.06	79.10

非项目村庄大体情况与项目村庄类似，随意排放占据主导。项目实施之后，随意排放的下降幅度超过项目村庄，但也还是主要的处理方式。整体来看，项目村庄的厨房用水处理方式比非项目村庄稍合理一些。

洗涤用水处理方式与厨房用水处理方式大体相似。大部分家庭的洗涤用水都是随意排放，经化粪池和污水处理厂排放的占据一小部分。项目实施之后，项目村庄随意排放的比例下降，经化粪池处理和污水处理厂处理的比例上升。非项目村随意排放的比例也有下降，经化粪池处理、污水处理厂处理和回收利用的比例也有提升（表9-28）。

表 9-28　洗涤用水处理方式统计

处理方式	项目村庄		非项目村庄	
	T1/%	T2/%	T1/%	T2/%
经污水处理厂处理后排放	1.54	3.08	0	5.97
全部回收利用	0	0	0	0
部分回收利用	15.38	16.92	10.45	13.43

处理方式	项目村庄		非项目村庄	
	T1/%	T2/%	T1/%	T2/%
经化粪池或沼气池处理	1.54	3.08	0	1.49
随意排放	81.54	76.92	89.55	79.10
其他	0	0	0	0

总体来看，项目村庄的处理方式比非项目村庄的处理方式更加合理。但是非项目村在项目实施之后的变化幅度比项目村大。

总体来看，项目村和非项目村的处理方式分布大致相同。随意排放的方式占据主导，部分人会选择经化粪池或者沼气池处理，少部分人反映经污水处理厂处理后排放。项目实施之后，随意排放的比例减少，经化粪池处理的比例有所增加，经污水处理厂的比例也有增加。说明部分村庄修建了污水处理厂，使得卫生间用水处理方式较原来更加合理（表9-29）。

表9-29 卫生间用水处理方式统计

处理方式	项目村庄		非项目村庄	
	T1/%	T2/%	T1/%	T2/%
经污水处理厂处理后排放	1.54	3.08	0	4.48
全部回收利用	0	0	0	0
部分回收利用	0	0	1.49	1.49
经化粪池或沼气池处理	23.08	26.15	20.90	20.90
随意排放	75.38	70.77	77.61	73.13

对比项目村庄和非项目村庄，项目村随意排放比例更少一些，卫生间用水处理方式更加合理。

9.5 畜禽养殖及污染处理

项目村庄在项目实施之后养殖比例有所下降，非项目村庄在项目实施之后养殖比例未有变动（表9-30）。

表 9-30　畜禽养殖情况

	项目村庄				非项目村庄			
	T1		T2		T1		T2	
	频数/人	百分比/%	频数/人	百分比/%	频数/人	百分比/%	频数/人	百分比/%
有养	33	50.77	28	43.08	25	37.88	25	37.88
没养	32	49.23	37	56.92	41	62.12	41	62.12

　　调查对象的畜禽养殖粪便处理方式就是直接还田和废弃,其中直接还田是主要处理方式。项目实施之后,直接还田的比例下降,废弃的处理方式比例有所上升(表 9-31)。

表 9-31　畜禽养殖粪便处理方式统计

处理方式	项目村庄				非项目村庄			
	T1		T2		T1		T2	
	频数/人	百分比/%	频数/人	百分比/%	频数/人	百分比/%	频数/人	百分比/%
废弃	5	16.67	6	22.22	1	4.00	2	8.70
出售	0	0	0	0	0	0	0	0
直接还田	25	83.33	21	77.78	24	96.00	21	91.30
制作有机肥	0	0	0	0	0	0	0	0
生产沼气	0	0	0	0	0	0	0	0
其他	0	0	0	0	0	0	0	0

　　项目村庄的直接还田比例在项目实施前后都低于非项目村庄,整体的处理方式非项目村庄稍合理一些。从处理方式所占比例来看,禽畜养殖粪便的处理方式应当向更加合理有效的方向引导。

9.6　环境治理公共工程及满意度调查

　　我们可以看出,环境项目的实施主要改善了生活垃圾处理方式,村民对于生活垃圾处理情况还是比较满意的。然而其他项目的改善情况相对较差，除了生活垃圾的处理，农村地区还有很多其他的项目需要改善。从付费比例可以看出，农民对于生活垃圾处理、生活污水处理以及饮水安全工程这些与自己密切相关的环境项目比较在意。在这些项目的处理上，可以一定程度上采取收费的形式，实行村民和政府合作治理的模式（表 9-32）。

表 9-32　项目村庄环境治理工程满意度

满意度	生活垃圾处理/%	生活污水处理/%	畜禽养殖污染/%	农药、农膜污染防治/%	公园生态工程建设/%	饮水安全工程/%
非常不满意	1.54	6.15	3.57	0	1.82	0
较不满意	13.85	20.00	8.93	8.47	18.18	18.46
一般	13.85	26.15	37.50	33.90	38.18	16.92
比较满意	63.08	44.62	42.86	49.15	36.36	47.69
非常满意	7.69	3.08	7.14	8.47	5.45	16.92
愿意付费/%	32.31	63.64	19.64	15.25	23.64	30.77
平均额度/元	64.13	56.82	37.55	31.58	43.18	93.27
满意/%	70.77	47.77	50	57.62	41.81	64.61

如果将"比较满意、非常满意"作为满意度的依据，对环境治理各项工程满意度进行统计，我们发现，项目村庄对生活垃圾处理的满意度最高，对公园生态工程建设的满意度最低。同时，对生活污水处理的满意度也较低，陕西污水处理厂建设还相当不完善，厨房用水、洗涤用水和卫生间用水都混为一体排放，由此带来的生活污水污染问题较为严重。

非项目村与项目村的满意度情况大体类似。对于生活垃圾处理、生活污水处理、畜禽养殖污染、农药农膜处理、饮水安全工程，大部分受访对象都是比较满意的。满意比例最高的是饮水安全工程，其次是生活垃圾处理、农药农膜处理、生活污水处理、畜禽养殖污染处理、公园生态工程建设。愿意付费比例最高的是生活垃圾处理，其次是饮水安全工程、公园生态工程、生活污水处理、畜禽养殖污染、农药农膜处理（表 9-33）。

表 9-33 非项目村庄环境治理工程满意度

处理方式	生活垃圾处理/%	生活污水处理/%	畜禽养殖污染/%	农药、农膜污染防治/%	公园生态工程建设/%	饮水安全工程/%
非常不满意	1.52	1.49	3.39	0	0	1.49
较不满意	12.12	13.43	8.47	4.84	19.64	8.96
一般	16.67	22.39	30.51	30.65	28.57	11.94
比较满意	50.00	41.97	37.29	41.94	35.71	55.22
非常满意	19.70	20.90	20.34	22.58	16.07	22.39
愿意付费/%	30.30	16.42	11.86	9.68	21.43	25.37
平均额度/元	81.36	141.82	37.22	33.53	73.64	180.37
满意/%	69.70	62.87	57.63	64.52	51.78	77.61

从愿意付费比例来看，生活垃圾处理、饮水安全工程是最高的，村民对于这些跟自己密切相关的项目比较在意。所以在这几项的环境项目治理中，可以考虑让村民付费，采取村民与政府合作治理的方式。

同样对非项目村庄对环境治理工程满意度进行统计，我们发现满意度最高的是饮水安全工程，而满意度最低的是公园生态工程建设。这样的结果也是比较吻合我们调研所了解到的情况的。在北方，不像福建这样的南方城市，每个村都普遍有公园的存在，因此村民对这方面满意度最低，说明政府和村委会应加强对该方面的整治。

项目村庄和非项目村庄的大部分村民对农村环境、乡政府工作、村委会工作都比较满意（表 9-34、表 9-35）。

表 9-34 项目村庄农村环境满意度

满意度	农村环境满意度		乡政府工作满意度		村委会工作满意度	
	频数/人	百分比/%	频数/人	百分比/%	频数/人	百分比/%
非常不满意	0	0	3	4.62	2	3.08
较不满意	11	16.92	8	12.31	13	20.00
一般	14	21.54	29	44.62	19	29.23
比较满意	34	52.31	19	29.23	24	36.92
非常满意	6	9.23	6	9.23	7	10.77

表 9-35　非项目村庄农村环境满意度

满意度	农村环境满意度		乡政府工作满意度		村委会工作满意度	
	频数/人	百分比/%	频数/人	百分比/%	频数/人	百分比/%
非常不满意	2	2.99	1	1.49	1	1.49
较不满意	4	5.97	9	13.43	9	13.43
一般	8	11.94	25	37.31	17	25.37
比较满意	38	56.72	18	26.87	25	37.31
非常满意	15	22.39	14	20.90	15	22.39

其中部分村民表示村干部基本没用，有些村干部甚至不住在村里，对村中平时情况一无所知。而上级政府也关注不到村这一级别，所以会有村民对乡政府以及村委会的工作不太满意。村委会应当尽职尽责，以身作则，多关注村庄情况，切实解决村民最需要解决的困难。

通过对比我们发现，非项目村庄对农村环境的满意度优于项目村庄，非项目村庄满意度为 91.05%，项目村庄满意度为 83.08%，二者差距还是比较明显的。其实在调研过程中我们也发现，如罗家湾村、代王村这种非项目村的发展和建设远远快于甚至优于许多项目村庄，有的是因为人大代表驻村，有的是因为灾后重建又遇上有作为的村委会……由此可见，此项数据并不能说明项目的实施没有效果，但在一定程度上说明了将政策落到实处才能真正做出成效。

9.7　角色定位

通过调查了解到，村中环境的治理主体主要集中于村委会治理、合作治理和政府治理这三者。占据比例最高的是村委会治理，说明调查对象的合作意识有待提高，村民合作意识的提高，将有益于农村环境治理工作（表 9-36）。

表 9-36　村中环境的治理主体

	项目村庄		非项目村庄			
	频数/人	百分比/%	频数/人	百分比/%	总频数/人	总百分比/%
政府	8	12.31	4	6.15	12	9.23

	项目村庄		非项目村庄			
	频数/人	百分比/%	频数/人	百分比/%	总频数/人	总百分比/%
村委会	38	58.46	30	46.15	68	52.31
村民	2	3.08	1	1.54	3	2.31
合作	17	26.15	30	46.15	47	36.15
其他	0	0	0	0	0	0

大部分受访对象都表示只做好自己家庭周围的环境卫生。这一定程度上说明了村民的环境权利意识较差，并不认为自己有监督他人保护环境的权利。非项目村庄的情况较项目村庄好一些，说明项目实施地区的村民环境权利意识还不够。在以后的项目实施当中，首先要加强环境权利意识的宣传（表9-37）。

表9-37　做好家庭周围环境卫生，不多管闲事

	项目村庄		非项目村庄	
	频数/人	百分比/%	频数/人	百分比/%
是	40	61.54	38	58.46
否	25	38.46	27	41.54

大部分受访对象从来没有向村委会或政府提出过环保建议，也没有参加过环境治理意见征求会。说明目前村民对于环境治理的参与只停留在表面参与阶段。政府应当加强对村民环境意识的培养，同时积极引导村民对农村环境治理的参与。村民是对农村环境最为了解的主体，只有他们提出的环保建议才最有价值，是最为切合实际的宝贵建议（表9-38、表9-39）。

表9-38　有没有向村委会或者政府提出环保建议

	项目村庄		非项目村庄	
	频数/人	百分比/%	频数/人	百分比/%
有	15	23.08	10	15.38
没有	50	76.92	55	84.62

表 9-39　是否参加过环境治理意见征求会

	项目村庄		非项目村庄	
	频数/人	百分比/%	频数/人	百分比/%
是	4	6.15	8	11.94
否	61	93.85	59	88.06

总体来看，项目村比非项目村的村民提建议的意识稍高一些。

通过调查我们了解到，将近 20%的受访对象没有任何获取农村环境相关信息的方式，20%左右的受访对象是通过听村委会宣布的，还有 30%左右是通过媒体获知的。随着多媒体时代的发展，越来越多的农民用上了手机和电脑等多媒体设备，获取信息的渠道越发多样化，但利用率还有待提升。村民没有充分发挥运用手机和电脑等多媒体设备了解农村环境信息的作用，说明有必要对村民进行再教育。仍有超过 50%的人受教育水平较低，这些人通过媒体获知环境信息相对比较困难。这就要求村委会要深入解读相关环境信息、政策等，保证尽可能多的村民了解环境相关信息（表 9-40）。

表 9-40　通过什么方式获知农村环境的相关信息

	项目村庄		非项目村庄	
	频数/人	百分比/%	频数/人	百分比/%
没有方式获知	12	18.46	13	19.40
听村委会宣布公示	13	20.00	13	19.40
听邻居或他人说的	17	26.15	18	26.87
媒体	23	35.38	19	28.36
多种方式	0	0	4	5.97

项目村庄有将近超过半数的受访对象表示将环境管理外包或者自己管理的形式都可行。因为有些项目村庄目前的环境管理方式非常类似于这两种形式，所以项目村庄有较多的村民可以接受。非项目村庄的调查情况显示他们比项目村庄村民更加支持将环境管理外包或者自己管理（表 9-41、表 9-42）。

表 9-41　农村环境管理外包给专业的环境管理企业是否可行

	项目村庄		非项目村庄	
	频数/人	百分比/%	频数/人	百分比/%
可行	29	44.62	31	46.27
不可行	28	43.08	26	38.81
不清楚	8	12.31	10	14.93

表 9-42　村民民主选举成立各村环境管理组织，村自筹资金，对本村环境进行治理

	项目村庄		非项目村庄	
	频数/人	百分比/%	频数/人	百分比/%
可行	33	50.77	35	52.24
不可行	25	38.46	21	31.34
不清楚	7	10.77	11	16.42

9.8　制度建设

从表 9-43 可以看出，调查地区的大部分村庄制度建设都不完善，除了大部分村庄都有专人负责清理垃圾之外，其余制度建设都有待加强。这说明总体来说，农村的环境治理还有很长一段路要走，要想改善农村环境，首先要将最基本的制度设施建设完善起来。许多村民对村庄制度建设的了解程度还较低，说明村庄建设中应注重宣传教育，让村民参与其中，政策的推行才有动力和方向。

表 9-43　农村环境制度建设情况

	是否开展宣传教育	资金是否公开	是否有专人负责清理垃圾	村规民约是否包含环境保护内容	政府是否出台环境政策	是否有奖罚措施	是否发放垃圾桶	环境治理是否收费
	项目村庄/%							
是	47.69	13.85	81.54	33.85	38.46	21.54	63.08	7.69
否	40.00	55.38	10.77	27.69	21.54	44.62	36.92	92.31
不清楚	12.31	30.77	7.69	38.46	40.00	33.85	0	0

	是否开展宣传教育	资金是否公开	是否有专人负责清理垃圾	村规民约是否包含环境保护内容	政府是否出台环境政策	是否有奖罚措施	是否发放垃圾桶	环境治理是否收费
	非项目村庄/%							
是	49.25	14.93	76.12	37.88	22.73	21.21	50.00	7.58
否	41.79	52.24	19.40	13.64	25.76	42.42	48.48	92.42
不清楚	8.96	32.84	4.48	48.48	51.52	36.36	1.52	0

大部分受访对象都反映村中生活垃圾治理模式主要由村委会或政府出资雇人处理，还有部分是村委会或政府、村民共同出资处理。项目村庄无人处理的比例是 1.54%，非项目村庄无人处理的比例是 8.96%。生活污水的治理模式和养殖污水的治理模式，项目村庄和非项目村庄都主要集中于无人管理，因为大部分村庄不存在养殖大户，所以对他们来说，不存在较大的养殖污染，也没有太多养殖污水，所以，养殖污水处理无人管理的比例略高（表 9-44）。

表 9-44　农村环境治理模式

	生活垃圾治理模式	生活污水治理模式	养殖污水治理模式
	项目村庄/%		
由村委会或者政府出资雇人处理	95.38	26.15	18.46
承包给企业处理	0	0	0
村委会或政府、村民共同出资处理	0	0	0
由村委会或村民成立相关组织处理	3.08	3.08	3.08
无人管理	1.54	70.77	78.46
其他方式			
	非项目村庄/%		
由村委会或者政府出资雇人处理	85.07	22.39	13.43
承包给企业处理	0	0	0
村委会或政府、村民共同出资处理	1.49	1.49	1.49
由村委会或村民成立相关组织处理	2.99	1.49	1.49
无人管理	8.96	71.64	80.60
其他方式	1.49	2.99	2.99

对比项目村和非项目村，项目村的治理情况稍好一些，治理的比例比非项目村高一些。但是总体而言，还需进一步的治理。生活垃圾的治理模式目前相对比较完善，但是生活污水治理仍然需要进一步的管理。

9.9 参与环境治理意愿

总体来看，项目村庄的参与意愿百分比略高于非项目村庄。项目村庄实施项目并取得效果后，让村民看到了农村环境治理的希望，因而更加愿意参与其中以做出更好的改变（表 9-45）。

表 9-45　调查对象参与意愿百分比

	项目村庄		非项目村庄	
	频数/人	百分比/%	频数/人	百分比/%
不愿意	1	1.54	3	4.48
比较不愿意	6	9.23	9	13.43
一般	13	20.00	9	13.43
比较愿意	36	55.38	35	52.24
非常愿意	9	13.85	11	16.42

项目村中，5 项参与意愿百分比都超过了 50%，说明受访对象对于环境治理参与意愿是比较高的。参与意愿最多的是对生活垃圾进行处理（表 9-46）。

表 9-46　具体环境行为参与意愿百分比统计

	项目村庄		非项目村庄	
	是/%	否/%	是/%	否/%
您是否愿意对生活垃圾进行分类处理	73.85	26.15	71.64	28.36
如果遇到别人破坏环境，您是否愿意制止	50.77	49.23	44.78	55.22
村中进行听证，您是否愿意提出意见	52.31	47.69	52.24	47.76
您是否愿意参与到环境宣传活动当中	53.85	46.15	55.22	44.77
如果村中有环境保护组织，您是否愿意参与	55.38	44.62	54.69	45.31

非项目村中，5 项参与行为，有 4 项参与百分比也超过 50%，参与环境宣传活动的意愿甚至超过了项目村。可见非项目村中的村民对于美好环境的需求较高，环境意识也较好。

项目村庄中，有 5 项参与行为显示从不参与的百分比超过了 60%，也就是说有 5 项环境参与行为，大部分受访对象从没参与过。包括：环境意见征询或问卷调查；就环境治理项目发表意见，主动提出建议；向政府、村委会反映过意见建议或进行投诉；响应政府、其他团体举办的环保宣传活动；组织村民自发开展环境卫生治理。参与度最高的是生活中经常关注环境相关信息，其次是生活垃圾分类处理（表 9-47）。

表 9-47 参与行为统计

项目村庄			
	从不/%	偶尔/%	经常/%	参与比例/%
垃圾分类处理	40.00	50.77	9.23	60.00
生活中经常关注环境相关信息	32.31	55.38	12.31	67.69
环境意见征询或问卷调查	95.38	4.62	0	4.62
就环境治理项目发表意见，主动提出建议	70.77	26.15	3.08	29.23
向政府、村委会反映过意见建议或进行投诉	80.00	15.38	4.62	20.00
响应政府、其他团体举办的环保宣传活动	61.54	27.69	10.77	38.46
组织村民自发开展环境卫生治理	87.69	9.23	3.08	12.31
非项目村庄			
	从不/%	偶尔/%	经常/%	参与比例/%
垃圾分类处理	44.78	44.78	10.45	55.23
生活中经常关注环境相关信息	35.82	52.24	11.94	64.18
环境意见征询或问卷调查	91.04	7.46	1.49	8.95
就环境治理项目发表意见，主动提出建议	77.61	17.91	4.48	22.39
向政府、村委会反映过意见建议或进行投诉	80.60	16.42	2.99	19.41
响应政府、其他团体举办的环保宣传活动	50.75	32.84	16.42	49.26
组织村民自发开展环境卫生治理	77.61	13.43	8.96	22.39

非项目村中，有 5 项参与行为显示从不参与的百分比超过了 50%，也就是说有 5 项环境参与行为，大部分受访对象从没参与过。包括：环境意见征询或问卷

调查；就环境治理项目发表意见，主动提出建议；向政府、村委会反映过意见建议或进行投诉；响应政府、其他团体举办的环保宣传活动；组织村民自发开展环境卫生治理。参与度最高的是生活中经常关注环境相关信息，其次是生活垃圾分类处理。

将"偶尔、经常"参加作为统计参加比例的依据。对比项目村和非项目村，可以发现，两者当中村民参与行为情况类似，项目村的参与情况稍微优于非项目村，但是两者当中村民的环境行为参与度都比较低。

生活垃圾分类处理和生活中经常关注环境相关信息这两者都属于独立性的，不牵涉他人不牵涉政府，操作起来也比较简单，而其他环境行为均为非独立性的，涉及他人或者政府。我们发现，对于独立性的，不牵涉他人不牵涉政府的环保行为，村民参与度相对较高；对于非独立性的，涉及他人或者政府的行为，村民参与度较低。说明村民在参与非独立性较高的环保行为时后顾之忧较多，但这却往往是最能够做出成效的方面（表9-48）。

表 9-48　具体环境行为整体参与意愿百分比统计

	是/%	否/%
您是否愿意对生活垃圾进行分类处理	72.75	27.26
如果遇到别人破坏环境，您是否愿意制止	47.78	52.23
村中进行听证，您是否愿意提出意见	52.28	47.73
您是否愿意参与到环境宣传活动当中	54.54	45.46
如果村中有环境保护组织，您是否愿意参与	55.04	44.97

经过调查我们发现，农民的参与意愿与实际参与行为之间存在严重的悖离。愿意参与环境治理的百分比占71.32%。7项实际环境参与行为中，没有一项的实际参与比例超过 71.32%，参与比例最高的为"生活中经常关注环境信息"，占比为 65.94%，参与比例最低的是"环境意见征询或问卷调查"，占比为 6.79%。农民参与环境治理涉及方方面面的因素，参与意愿与实际参与行为之间为什么存在严重悖离，值得我们继续深究（表9-49、表9-50）。

表 9-49 整体参与意愿百分比

	频数/人	百分比/%
不愿意	4	6.02
比较不愿意	15	22.66
一般	22	33.43
比较愿意	71	7.62
非常愿意	20	30.27

表 9-50 整体参与行为统计

	从不/%	偶尔/%	经常/%
垃圾分类处理	42.39	47.78	9.84
生活中经常关注环境相关信息	34.07	53.81	12.13
环境意见征询或问卷调查	93.21	6.04	0.75
就环境治理项目发表意见，主动提出建议	74.19	22.03	3.78
向政府、村委会反映过意见建议或进行投诉	80.30	15.90	3.81
响应政府、其他团体举办的环保宣传活动	56.15	30.27	13.60
组织村民自发开展环境卫生治理	82.65	11.33	6.02

9.10 总结

总体来看，调查对象当中老年人偏多，整体受教育水平较高，但村民对于环境治理项目的了解程度很低，说明项目宣传力度不足，村民环保主动性较弱。随着住宿餐饮业、批发零售业等第三产业在农村的发展，农民的经济来源更加多样化，不再局限于第一产业，在推动农村经济发展的同时也为农村环境发展带来有利的环境。

项目村庄和非项目村庄在项目实施之后，厨余垃圾和农药瓶的处理方式较之前更为合理，随意丢弃的比例显著降低，对于农村环境的改善作用是十分可观的。但对于可回收出售获利的塑料瓶和废旧纸箱的垃圾处理方式并无太大变化，依旧是售卖方式占主要地位。总体来看，项目村庄的垃圾处理方式改善成效更为显著。

但塑料袋的处理方式不太乐观，在项目实施之后减少了随意丢弃而增加了焚烧，造成空气污染隐患，需要引起重视。

项目实施之后，对于垃圾处理方式的负担评价都有所降低，说明项目实施有所成效。但非项目村庄的负担评价会更高，说明项目村庄垃圾处理的基础设施建设更为完善。大部分村民对于环境治理项目还是比较满意的。对于与自己生活息息相关的环境项目，大部分村民表示愿意付费。这说明在今后的环境治理过程中，可以尝试让农民参与多元合作治理模式。

在环境治理工程满意度统计中发现，村民对生活污水处理和生态公园建设的满意度最低，说明政府和村委会在今后的工作开展过程中可以有所方向和侧重。部分有政策倾斜的非项目村庄村民对于农村环境评价要优于项目村庄村民的评价，这不代表项目实施没有效果，但确实说明政策落到实处的成效更为显著。村民对农村环境治理的主动性有待提高，大多表示主要依靠村委会治理。目前村民对于环境治理的参与还停留在表面阶段。村中的制度设施建设还不够完善。农民的实际环境参与度非常低，需要加强环境知识的宣传教育。

总体而言，项目村在各方面比非项目村要更加完善，做得更好。这说明项目村之所以能成为项目试点，是因为其本身各方面的基础条件较非项目村庄更好、更优越。受访对象整体的环境意识都较差，尤其有很大一部分受访对象是超过60岁的偏高龄老人，甚至没有受过教育，对于新时代的多媒体设备更是一窍不通，这是影响环境治理效果的一个重要因素。村民对一些独立性较强、操作起来比较方便的行为参与度较高，如关注环境相关信息和垃圾分类处理等；但对于一些非独立性的、操作起来不容易的行为参与度较低，如制止他人乱扔垃圾和向村委会提出环保意见等。由此可见，政府和村委会应完善激励机制，促使村民由被动参与向主动献言转变。村民参与环境治理的意愿与实际参与行为之间存在严重悖离，这一情况值得我们继续探究。

10 促进农村环境治理公众参与对策建议

真正的参与，应该是公民与公共部门进行充分的交流、协商与合作，以公共利益为目标，超越小集团利益、个人私利，实现有效的公民参与（卢洪友等，2013）。农村环境治理中公民的参与意识虽然在不断增强，但仍需面对参与渠道狭窄、参与方式单一、参与效能较低等问题。农村环境治理的常见路径有 4 种，即政府治理途径、公民社会治理途径、平行治理途径以及网络化治理途径（李图强，2004）。公民社会治理途径主要是采用多种途径依靠公共社会部门自我协调、自我整合的方式解决农村水环境问题。农村环境保护应走出一条政府引导与支持、社区自治、农民参与、市场激励、大众传媒监督与传播的新型治理路径。在实践中，农民在参与农村环境保护中，可以选择自我路径和集体路径。自我路径的内涵在于农民自身需要提高环保意识和受教育水平，同时，不断践行生态环保行为，努力做到不污染、不破坏、不浪费；集体路径的内涵在于除通过村委会这条路径向基层和上级政府层层反映环境诉求以寻得最直接的政府引导与支持外，还要发挥社区在农村环境保护中的积极作用，从而提升农村环境维权力度。在社会更加多元化的条件下，还要建立农村基层环保组织以增强环境维权意识。而第三方治污企业将是未来农村日益严重的环境问题得到解决的有效方式，农民可以做的就是尽力给予人力、物力或财力的支持以推动第三方治污企业的治污进程。社会愈加民主、开放、和谐与自由，为农民发挥大众传媒的环境信息传播和监督功能提供了新型途径。

环境问题的解决需要政府的高效率推动，更需要公众的普遍参与。环境质量的改善不仅是公众的愿望，也符合公众的利益。必须完善民主法制建设，维护公众参与环境保护工作的权益，提高全民环境意识、拓宽公众参与渠道、建立有效的参与机制与途径。同时，农村环境治理的路径不能离开具体的乡村社会情境，利用村庄的原生秩序，将治理手段寓于乡村社区熟人社会的情境之中，以社区意识和归属感来激发村民对环境保护的认同和参与社区环境保护的内在积极性，是实现乡村社区环境善治的路径选择（李建琴，2006）。农村社区组织是激励机制的重要载体，它吸引社区成员自我组织，共同追求，农村社区组织的形成在于设计一种集体利益机制，可以通过开展环境保护教育，增强社区环境保护意识；扩展社会环境权益，发展社会环境组织，强化环境与经济、社会综合发展决策等来刺激公众参与农村环境治理（殷玉芳，2015）。

10.1 提升农民环境意识水平

多数农民在观念上欠缺对环境保护的全面性、全局性的认识。由于农民生活方式与思想观念上的分散性与封闭性等特点，生产生活中易将自己与外界关系相互分离，对于广泛地参与环境保护，农村群众缺乏相关意识与认识。因此，促进农村治理中的环境参与首先要提升农民文化程度与环保意识。

培养农民环境意识，动员广大农民树立全民环保思想，提高农民的环境保护和生态治理意识。农民群众是进行农业生产活动的主体，也是农村生活的主体，他们的生活方式和思想意识将对农村环境产生最直接的影响。通过电视、广播、文艺宣传等方式加强对农民的教育培训，使广大农民能够比较直观地了解农村环境现状，了解污染危害，进而意识到生态环境的重要性以及环境污染带来的严重后果，使农民接受低碳生活的理念，树立环保概念，增强环保意识，主动自愿转变原有的不合理生活方式，提倡环保低碳的健康生活理念。例如，房屋装修采用绿色材料，不随意丢弃垃圾，购买节能电器，使用太阳能，减少开车次数，房前屋后多植树，推广生态农业技术等。此类行为会对农村环境的改善做出积极的贡献，也会推动整个社会的生态环境向好的方向发展。

提高农村地区教育投入，并加强教育过程中环保教育比重，将环保教育纳入农村中小学学校教育，把环保知识写入教材，培养中小学生的环境意识和环境责任感。但是，从提高文化程度的角度来提高公众参与水平在短期内难以见效。因此，将提高农民环保知识水平、环保关注程度、环保法律意识以及加强公众对污染的感受程度，作为近期提高公众参与水平的主要手段是快速的、有效的。

在县镇两级政府、社区和个人 3 个层次上，面向群众、环保工作者和县镇两级决策层展开环保宣传教育，一方面解决公众环保知识不足的现状，另一方面扩大公众获取环保知识的途径。进行环保教育应当紧密结合农村乡情和农民特质，既要注重教育内容的通俗易懂，如环保知识读本要图文并茂，活动要贴近农村生活（殷惠惠等，2008）。可以通过环保宣传手册的发放、海报宣传、村民小组长环境知识培训等方法，提高公众环保知识水平和环保法律意识；可以通过开展环境信息公开及组织污染控制报告会等方式提高公众环保关注程度；也可以组织公众对国内外环境污染案例进行讨论等方式加强公众对污染的感受程度；定期组织有针对性的农村绿色生态教育，将环保法律，农药、化肥和企业排污的破坏性、危害性宣传以及环保型农业技术知识普及作为教育培训的主要内容，增强农民的环境意识。

10.2 促进环境信息公开

目前，造成环境治理中农民有效参与不足的一个重要原因在于环境信息的非对称性。非对称性主要表现为公众对环保知识的无知与生产厂家对污染信息的封锁，主管部门和污染者之间掌握信息的不对称性，公众与污染者掌握信息的不对称性，以及地方行政当局的监管与宣传脱离群众、脱离实际、搞形式主义等（张晓文，2010）。

顺畅而充分的信息流是农民参与机制运行的必然要求和前提，环境信息的可获得性、真实性、获取途径等直接影响到农民参与环境决策的深度和质量。政府信息不公开会削弱公众的参与能力。个人基于公共利益愿意投入的时间和精力是有限的，而保密增加了信息成本，这使许多公民在自身没有特殊利益的情况下，不再积极参与。因此，要改变政府、企业、公众信息不透明和不对称的状况，实施信息透明和信息共享，使政府、企业、公众三方共同参与决策，提升参与度。在信息公开过程中，尽可能避免晦涩难懂的名词术语，尽可能采用日常生活贴近的表达方式，在实践中不断完善工作制度，利用政府网站、电视、报纸等媒体，通过召开新闻发布会、协商会、听证会等多种方式，积极主动地公开环境信息

（曾丽璇，2006）。

在促进信息顺畅时需要注意：第一，信息公开内容的简明易懂。要注重环境原始信息的再加工，尽量减少晦涩难懂的专业术语与文字语言，多采用农民容易接受的图表、曲线等形式。第二，增强信息公开性。既坚持尽早公开，又要拓宽信息传播渠道。要注重信息公开的及时性，事后信息公开往往难以发挥信息公开的真正作用；同时，随着农村的进一步发展，要注重电视广播等传统媒体与网络新媒体的结合。第三，信息请求程序具体化。目前，信息获取需要繁杂的过程，严重影响了公民获取相关信息的积极性。农民申请获取环境信息的程序应更加简洁明确，如不必强求提交书面申请、村委会受理申请再集中上报、减免费用等。

10.3 发挥政府主导作用，完善体制机制

10.3.1 完善相关立法

自 2015 年 1 月 1 日起实施的《中华人民共和国环境保护法》规定了我国公民在环境方面的权利，第一次明确涉及了农村环境的治理，并且真正设立了信息公开与公众参与的模块。同时还出台了《关于推进环境保护公众参与的指导意见》。相关法律与意见的出台说明了我国环境治理及公众参与在法律方面有了明显的提高。鉴于农村环境与城市环境的不同，农村环境问题的解决有待于一部针对农村环境的法律的出台。农村环境污染较为复杂，应制定一部适用于农村生态保护的专门性法律，在环保法律法规中，应当明确环境权的权利内容，采取列举式规定公民享有诸如安宁权、清洁水权、清洁空气权等环境权利。在农业法规或农业地方性法规里，可以更明确规范农民环境知情权、参与权和监督权的实现方式、程序和救济途径（陈叶兰，2008）。

鉴于农村环境与城市环境治理模式之间的不兼容性，在充分考虑农村环境治理特殊性的基础上，应当破除并行于农村和城市的统一治理模式，并在立法层面以农村环境污染的主要来源为依据，进行分类治理。首先，对农村环境依附性强的两种污染类型，即农村生活污染和农业污染，应根据其面源污染的特点，采取社区治理的模式，积极动员村民委员会的力量，发挥其环境自治职能，并积极拓

展农民在环境污染治理中的参与空间。所谓农村环境的社区治理，就是强调社区在农村环保中的重要作用，发挥农村社区环境治理的积极性，从而更有效地保护农村环境。与政府环境监管模式相比，农村社区不仅具有及时采取行动，控制污染行为的天然优势，也更能适应农村的熟人社会体系。其次，对于农村工业生产污染，因其与城市环境污染有很大的相似性，可以继续沿用原来的排污收费制度以及在此前提下的政府监管模式。最后，对于从城市转嫁到农村的环境污染，我国应该予以禁止，以减轻农村环境的巨大压力。

10.3.2 完善保障机制

保障机制是指依据国家政策法规，对农民参与环境行政的权利给予保障的体制和制度，包含动员机制、组织保障等内容，保障机制是农民参与机制运行的安全网和保险阀。农村环境治理中的公众参与要完善法律保障与组织保障并重的保障机制。在已有的法律框架下，要进一步出台后续的法律法规，形成针对农村环境治理及公众参与的法律体系。同时加强环境程序立法。重实体，轻程序是我国的立法通病，特别是在环保行政机构缺位、农民环保意识低下的农村，农民参与环评走过场、程序被主观删减等侵害农民环境权的现象时有发生，但缺乏制裁违反程序行为的手段和措施（李飞虎，2011）。

应当完善政府相关机构组织。对环保机构而言，我国的农村环保机构仅设置到县级，占有人口最多、地域最大的大多数乡镇村级普遍没有建立环保机构。需要构建农村生态环境保护的"五级联动"管理体系，即"户级、组级、村级、镇级、县级"，以县级环保局为主导，在各乡镇设置环保所，在村级设置环保点，农民普遍参与监督和建设。通过立法对农民参与的阶段、途径、步骤等进行明确与强化，并针对违反法定程序或滥用权力等行为建立严格的审查和制裁制度。

发挥榜样模范带头作用。同质性是公众的内在结构特征，具体表现为某种共同的利益需求、目的等。这种同质性使表面分散无关的公众产生内在的动态的结构关系，形成特殊的社会集合体，在一个更小的范围内，民众往往更有同质性的利益诉求。因此，设立作为榜样和示范的先导者，显示参与的效果和收益，对后来起到先导的作用，可以有效吸引其他持观望态度的农民。

为非政府组织（以下简称 NGO）的发展创造良好的法律、政策氛围，社会也应有更多的包容和理解，促进本土 NGO 的健康与快速发展，尤其是农村 NGO 组织的发展。NGO 要发挥研究机构的导向作用，加强与专家和其他环保民间组织合作，促进媒体公众及政府之间的沟通和互动，对环保活动联合行动起到积极有效的作用。

10.3.3　完善激励措施

我国现有的法律规定，诉讼费由败诉方承担，但是原告需要预交案件受理费。如果当事人不缴纳费用或者当事人申请缓交、减交、免交诉讼费而未获得法院准许，则诉讼程序不可能启动。但是生态公益诉讼中，农民提起诉讼是为了公共利益。如果诉讼费用一概由农民承担，显然不利于激发公众积极性，也有违公平原则。我国可以借鉴国外做法，提起生态公益诉讼应一概事先不缴纳诉讼费用，在败诉时，如果查明原告有恶意诉讼的情况，再按规定标准收取诉讼费用。

同时，利益刺激是提高公众参与生态环境保护程度的有效手段。经济手段旨在通过激励而非通过硬性标准或专门技术改进来改变人民的行为。因此，政府可设立专项资金，用于弥补个体在参与环境保护中的利益损失和奖励公民个体在相关活动中的突出表现。按照"谁破坏、谁治理"原则，向资源开发者收取生态保护和治理保证金，以增强对开发者的环境约束力。并且对进行举报的相关人员进行物质奖励，在法律与规定中对奖励额度进行明确规定。

但是根本上要让农民感受到环境治理带来的效益。如在进行宣传教育时要注重实践体验，通过推广生态农业等形式，使农民感受到生态生产带来的经济效益和生态效益的统一，最终实现农民对环保的内在认同（王文哲，2011）。

10.4　提升公众参与环境治理绩效

基于以上的分析，优化我国公众参与环境治理绩效应从影响其绩效的核心因素入手，即资源可得性、公民参与意识、法律制度是否完善、政府态度反应、参与途径通畅与否这几方面。

第一，要保证资源可得。公众参与环境治理应当获取必要的资源以支持其成功了解信息、表达意见。具体包括信息资源可得以及人力资源可得。公众必须要了解与所制定政策或项目计划相关的关键信息，如污染物种类、性质、排放量、危害等。这一点需要依靠政府相关部门的公示。但是由于政府部门也会寻求利益最大化，相关信息不会公布，所以公众只能依靠专业人士或者专家来获取这些信息。NGO 组织也是获取相关信息的重要渠道。

第二，提高公民参与意识。公民参与意识的强弱直接关系到公民参与环境治理的程度，从而影响公众参与的效果。实现公众参与的根源力量还是群众。现阶段我国公民参与意识普遍有所提升，参与行为也有所加强，但还是存在部分群体的参与意识明显薄弱，某些环节公众参与缺位现象。这就需要政府、媒体等发挥作用，加大力度向特定公众群体更全面、更科学地普及环境知识，使公民对环境治理的了解更为系统、全面。同时，通过网络媒体等拓展公众获取环境信息知识的渠道，使公众获取环境知识的渠道更便捷。

第三，完善公众参与方面的法律保障。公众参与的良性发展应当以完整的制度体系、规范的操作流程以及强有力的监督机制为支撑，然而目前我国公众参与方面的法律制度还不够健全，听证制度、信息公开制度、整体环境应急机制、新闻舆论监督制度等都需要进一步完善。尽快完善公民参与的法制保障是提高公众参与环境治理绩效的必要条件。

第四，政府要积极回应、引导公众参与。环境群体性事件是具有共性的公众诉求，当公众诉求得不到回应时容易引起公众对政府公信力的质疑从而引发政府危机。政府与公众良好的良性循环的合作关系是高质量决策的基础（王雅琴，2014），所以政府部门要积极回应公众诉求，对公民的要求做出及时的和负责的反应，避免无故拖延、没有下文等现象。在必要时还应当定期地、主动地向公民征询意见、解释政策和回答问题。政府的回应性越大，善治的程度也就越高。

第五，疏通公众参与途径。参与途径通畅与否直接影响着公众意见的表达。保障参与途径通畅，首先，要充分发挥吸纳公众意见的作用，应进一步细化听证程序，扩大听证的范围。同时要坚持听证过程与结果的公开公示，随时听取广大群众的意见和质询（冯江菊，2015）。其次，应充分利用现代信息技术和网络平台。对于涉及广大公众利益的事项设立公众意见专区，并对公众意见进行梳理和及时反馈，充分发挥网络这一平台的作用。

10.5 建立社会监督网络制度，健全长效环境治理监管机制

建立专群结合的环境保护监管网络制度。各级政府采取有效措施，多渠道、全方位、多层次进行宣传活动，实行专门机关和群众路线相结合，建立起"专群结合、点面结合"，全面覆盖农村的环境保护监管网络（孟庆瑜等，2010）。

建立政府环境保护绩效评价和责任追究制度。完善监督机制，积极组织和引导公众充分发挥环保议事权，同时将政府环保职能的落实从某种程度上通过环境绩效显示出来，把环境绩效纳入每一级政府的政绩考核体系之中。

农民是参与农村环境治理的主要力量，也是监管机制的重要组成部分。在环境治理过程中要保障农民的知情权及信息的对称，使农民也有通畅的渠道反馈自己的意见。可以充分利用网络、政务公开栏等平台公开环境信息及治理情况，增进各级政府和农民之间的交流与合作，上下齐心协力，相互监督，共同维护和治理农村环境。

环境治理任重道远，单纯靠政府治理是完全不够的，要通过多种途径宣传环境保护的重要性，鼓励公众参与环境保护与治理。首先，要建立环境污染反馈机制，监督企业参与环境治理，并能有反馈到政府部门的渠道，让公众充当环保监督员，随时监督企业行为和政府治理动态；其次，完善信息公开制度和监督举报机制，保护公众的知情权以及监督环境的合法权益，对举报者进行一定的物质激励；最后，充分发挥非政府环保组织的作用和号召力，代表公众参与环境保护与治理工作，具有主体多元性等特点。要提升农村环境治理效果，就必须促使农村环境利益相关者彼此间形成一种关系密切、渠道畅通的沟通网络和横向交流平台。通过这些平台培育政府在农村社会中的信任环境，建立起良性互动的机制，实现农村环境的合作治理。

参考文献

Akil A M, Foziah J, Ho C S. 2015. The effects of socio-economic influences on households recycling behaviour in iskandar malaysia[J]. Procedia - Social and Behavioral Sciences, 202: 124-134.

Allen B, Bradley L, Sargent L. 2003. Differential effects of task and reward interdependence on perceived helping behaviour, effort and group performance[J]. Small Group Research, 34 (6): 716-740.

Alper S, Tjosvold D, Law K S. 1998. Interdependence and controversy in group decision making: Antecedents to effective self-managing teams[J]. Organ Behav Hum Decis Process, 74 (1): 33-52.

Amini F, Ahmad J, Ambali A R. 2014. The influence of reward and penalty on households' recycling intention[J]. Apcbee Procedia, 10: 187-192.

Ando A W, Gosselin A Y. 2010. Recycling in multifamily dwellings: Does convenience matter? [J]. Economic Inquiry, 43 (2): 426-438.

Barr S. 2002. Household waste in social perspective [M]. England: Ashgate Publishing Limiteted, 2002.

Bernstad A. 2014. Household food waste separation behavior and the importance of convenience[J]. Waste Management, 34 (7): 1317-1323.

Besley T, Case A. 1993. Modeling technology adoption in developing countries[J]. American Economic Review, 83 (2): 396-402.

Besley T. 2004. Development microeconomics: Pranab K. Bardhan and C. Udry, 1999. Clarendon Press: Oxford[J]. Journal of Development Economics, 65 (1): 239-241.

Blume L E, Brock W A, Durlauf S N, et al. 2011. Chapter 18-identification of social interactions[J].

Handbook of Social Economics，1：853-964.

Bohlen G，Schlegelmilch B B，Diamantopoulos A. 1993. Measuring ecological concern：A multi - construct perspective[J]. Journal of Marketing Management，9（9）：415-430.

Boyer E J，Van Slyke D M，Rogers J D. 2016. An empirical examination of public involvement in public-private partnerships：Qualifying the benefits of public involvement in PPPs[J]. Journal of Public Administration Research and Theory，26（1）：45-61.

Brock W A，Durlauf S N. 2005. Interactions-based models[J]. Nber Technical Working Papers，5（1）：3297-3380.

Budescu D V. 1993. Dominance analysis：A new approach to the problem of relative importance of predictors in multiple regression[J]. Psychological Bulletin，114（3）：542-551.

Cao Y，Philp J. 2006. Interactional context and willingness to communicate：A comparison of behavior in whole class，group and dyadic interaction[J]. System，34（4）：480-493.

Chan R Y K，Lau L B Y. 2013. Antecedents of green purchases：A survey in China[J]. Journal of Consumer Marketing，17（4）：338-357.

Corral-Verdugo V. 1997. Dual "realities" of conservation behavior：Self-reports vs observations of re-use and recycling behavior[J]. Journal of Environmental Psychology，17（2）：135-145.

Davis G，Morgan A. 2008. Using the theory of planned behaviour to determine recycling and waste minization behaviours：A case study of Bristol City，UK[J]. Special Editon Papers，20（1）：105-117.

Derksen L，Gartrell J. 1993. The social context of recycling[J]. American Sociological Review，58（3）：434-442.

Domingo J L，Nadal M. 2009. Domestic waste composting facilities：A review of human health risks[J]. Environment International，35（2）：382-389.

Drazkiewicz A，Challies E，Newig J. 2015. Public participation and local environmental planning：Testing factors influencing decision quality and implementation in four case studies from Germany[J]. Land Use Policy，46：211-222.

Drollinger T，Comer L L. 2015. An introduction of dominance analysis in the personal selling context[M]. Proceedings of the 2009 Academy of Marketing Science（AMS）Annual Conference. Springer International Publishing.

Durlauf S N，Ioannides Y M. 2010. Social interactions[J]. Social Science Electronic Publishing，4（2）：451-478.

Durlauf S，Cohen-Cole E. 2005. Social interaction models[J]. Encyclopedia of Social Measurement，11（3）：517-522.

Dyne L V，Lepine J A. 1998. Helping and voice extra-role behaviors：Evidence of construct and predictive validity[J]. Academy of Management Journal，41（1）：108-119.

Echegaray F，Hansstein F V. 2016. Assessing the intention-behavior gap in electronic waste recycling：The case of Brazil[J]. Journal of Cleaner Production，142：180-190.

Ellison G，Fudenberg D. 1993. Rules of thumb for social learning[J]. Journal of Political Economy，101（4）：612-643.

Emery S B，Mulder H A J，Frewer L J. 2015. Maximizing the policy impacts of public engagement a european study[J]. Science，Technology & Human Values，40（3）：421-444.

Engel J F，Blackwell R D，Miniard P W. 1985. Consumer behavior[J]. Journal of Marketing，38（2）：1121-1139.

Forrest W，Morison A. 1991. A government role in better environmental management[J]. Science of the Total Environment，108（S 1-2）：51-60.

Fullerton，Kinnaman. 1995. Garbage，recycling，and illicit burning or dumping[J]. Environmental Economics and Managemegn，29（1）．

Gamba R J，Oskamp S. 1994. Factors influencing community residents' participation in commingled curbside recycling programs[J]. Environment & Behavior，26（5）：587-612.

Geller E S，Winett R A，Everett P B. 1982. Preserving the environment. New strategies for behavior change[M]. England：Pergamon Press.

Gene Rowe，Lynn J，Frewer. 2000. Public participation methods：A framework for evaluation[J]. Science Technology & Human Values，25（1）：3-29.

Grossman G M，Krueger A B. 1994. Economic growth and the environment[J]. NBER Working Papers，110（2）：353-377.

Guagnano G A，Stern P C，Dietz T. 1995. Influences on attitude-behavior relationships[J]. Environment & Behavior，27：699-718.

Guoquan Chen，Dean Tjosvold. 2002. Cooperative goals and constructive controversy for promoting innovation in student groups in China[J]. Journal of Education for Business, 78 (1): 46-50.

Hage O, Söderholm P. 2008. An econometric analysis of regional differences in household waste collection: The case of plastic packaging waste in Sweden[J]. Waste Management, 28 (10): 1720-1731.

Hansmann R, Bernasconi P, Smieszek T, et al. 2006. Justifications and self-organization as determinants of recycling behavior: The case of used batteries[J]. Resources Conservation & Recycling, 47 (2): 133-159.

Hellermann J. 2007. The Development of practices for action in classroom dyadic interaction: Focus on task openings[J]. Modern Language Journal, 91 (1): 83-96.

Hines J M, Hungerford H R, Tomera A N. 1984. Analysis and synthesis of research on responsible environmental behavior: A meta-analysis[J]. Journal of Environmental Education, 18 (2): 1-8.

Hong H, Kubik J D, Stein J C. 2004. Social interaction and stock-market participation[J]. Journal of Finance, 59 (1): 137-163.

John Clayton, Thomas. 2015. Public involvement in public management[J]. The Age of Direct Citizen Participation, 50 (4): 443.

Junquera B, Jesús Ángel del Brío, Marcos Muñiz. 2001. Citizens' attitude to reuse of municipal solid waste: A practical application[J]. Resources Conservation & Recycling, 33 (1): 51-60.

Kahneman D, Knetsch J L, Thaler R H. 1990. Experimental tests of the endowment effect and the coase theorem[J]. Journal of Political Economy, 98 (6): 1325-1348.

Kemper, Quigley. 1976. The economics of refuse collection[J]. Environmental Education, 36 (2): 31-40.

Kim Y J. 2009. The effects of task complexity on learner-learner interaction[J]. System, 37 (2): 254-268.

Lange F, Brückner, Carolin, et al. 2014. Wasting ways: Perceived distance to the recycling facilities predicts pro-environmental behavior[J]. Resources, Conservation and Recycling, 92: 246-254.

Lau D C, Murnighan J K. 2005. Interactions within Groups and subgroups: The effects of demographic faultlines[J]. Academy of Management Journal, 48 (4): 645-659.

Lee T W. 1999. Using qualitative methods in organizational research[M]. California: Sage Publications.

Liikanen M，Sahimaa O，Hupponen M，et al. 2016. Updating and testing of a finnish method for mixed municipal solid waste composition studies[J]. Waste Management，52：25-33.

Lombrano A. 2009. Cost efficiency in the management of solid urban waste[J]. Resources Conservation & Recycling，53（11）：601-611.

Manski C F. 2000. Economic Analysis of Social Interactions[J]. Journal of Economic Perspectives，14（3）：115-136.

Martin M，Williams I D，Clark M. 2006. Social，cultural and structural influences on household waste recycling：A case study[J]. Resources Conservation & Recycling，48（4）：357-395.

Mcguire R H. 1984. Recycling：Great expectations and garbage outcomes[J]. American Behavioral Scientist，28（1）：93-114.

Mellard D F，Anthony J L，Woods K L. 2012. Understanding oral reading fluency among adults with low literacy：Dominance analysis of contributing component skills[J]. Reading & Writing，25（6）：1345-1364.

Moran J R，Kubik J D，Beiseitov E. 2004. Social interactions and the health insurance choices of the elderly：Evidence from the health and retirement study[J]. Social Science Electronic Publishing，6（1）：1-30.

Naughton D. 2006. Cooperative strategy training and oral interaction：enhancing small group communication in the language classroom[J]. Modern Language Journal，90（2）：169-184.

Ng K Y，Dyne L V. 2013. Antecedents and performance consequences of helping behavior in work groupsa multilevel analysis[J]. Group & Organization Management，30（30）：514-540.

None I，Datta S K. 2011. Pro-environmental concern influencing green buying：A study onindian consumers[J]. International Journal of Business & Management，6（6）：3-23.

Oskamp S，Harrington M J，Edwards T C，et al. 1991. Factors influencing household recycling behavior[J]. Environment & Behavior，23（4）：494-519.

Pamela J，Hinds，Mark Mortensen. 2005. Understanding conflict in geographically distributed teams：The moderating effects of shared identity，shared context，and spontaneous communication[J]. Organization Science，16（3）：290-307.

Parkins J R. 2006. De-centering environmental governance：A short history and analysis of democratic processes in the forest sector of Alberta，Canada[J]. Policy Sciences，39（2）：

183-202.

Pigou A C. 1920. The economics of welfare[M]. Germany：Palgrave Macmillan.

Pokhrel D，Viraraghavan T. 2005. Municipal solid waste management in Nepal：Practices and challenges[J]. Waste Management，25（5）：555-562.

Rachel Lonise Carson. 2014. Silent spring [M]. 北京：科学出版社.

Refsgaard K，Magnussen K. 2009. Household behaviour and attitudes with respect to recycling food waste-experiences from focus groups[J]. Journal of Environmental Management，90（2）：760-771.

Rega C，Baldizzone G. 2015. Public participation in strategic environmental assessment：A practitioners' perspective[J]. Environmental Impact Assessment Review，50：105-115.

Reno R R，Cialdini R B，Kallgren C A. 1993. The transsituational influence of social norms[J]. Journal of Personality and Social Psychology，64（1）：104-112.

Roger W. Cobb and Charles D. Elder. 1975. Participation in american politics：The dynamics of agenda building[M]. Baltimore：The Johns Hopkins Press.

Samdahl D M，Robertson R. 1989. Social determinants of environmental concern：Specification and test of the model[J]. Environment & Behavior，21（1）：57-81.

Schahn J，Holzer E. 1990. Studies of individual environmental concern the role of knowledge，gender，and background variables[J]. Environment & Behavior，22（6）：767-786.

Schultz P W，Oskamp S，Mainieri T. 1995. Who recycles and when？ A review of personal and situational factors[J]. Journal of Environmental Psychology，15（2）：105-121.

Sherry R. Arnstein. 1969. A ladder of citizen participation[J]. Journal of the American Institute of Planners，35（4）：216-224.

Solomon M R. 1983. The role of products as social stimuli：A symbolic interactionism perspective[J]. Journal of Consumer Research，10（3）：319-329.

Straughan R D，Roberts J A. 1999. Environmental segmentation alternatives：A look at green consumer behavior in the new millennium[J]. Journal of Consumer Marketing，16（6）：558-575.

Tadesse T，Ruijs A，Hagos F. 2008. Household waste disposal in mekelle city，northern ethiopia[J]. Waste Management，28（10）：2003-2012.

Thanh N P，Matsui Y，Fujiwara T. 2010. Household solid waste generation and characteristic in a mekong delta city，vietnam[J]. Journal of Environmental Management，91（11）：2307-2321.

Thomas，John C. 1990. Public involvement in public management：Adapting and testing a borrowed theory[J]. Public Administration Review，50（4）：435-445.

Thanh N P，Matsui Y. 2012. An evaluation of alternative household solid waste treatment practices using life cycle inventory assessment mode[J]. Environmental Monitoring and Assessment，184（6）：3515-3527.

Thomas J C. 2015. Public involvement in public management[J]. The Age of Direct Citizen Participation，50（4）：443.

Vicente P，Reis E. 2007. Segmenting households according to recycling attitudes in a Portuguese urban area[J]. Resources Conservation & Recycling，52（1）：1-12.

Vining J，Ebreo A. 1990. What makes a recycler？A comparison of recyclers and nonrecyclers[J]. Environment & Behavior，22（1）：55-73.

Zhang S，Zhang M，Yu X，et al. 2016. What keeps Chinese from recycling：Accessibility of recycling facilities and the behavior[J]. Resources Conservation & Recycling，109：176-186.

Zhou H，Meng A，Long Y，et al. 2014. Classification and comparison of municipal solid waste based on thermochemical characteristics[J]. Journal of the Air & Waste Management Association，64（5）：597-616.

曾丽璇，张秋云，曾宝强. 2006. 农业可持续发展与环境保护的公众参与[J]. 生态经济，9: 93-95.

曾小溪，曾福生. 2012. 农村居民参与环境保护的困境与出路[J]. 湖南农业大学学报（社会科学版），13（2）：27-31.

陈大洲. 2014. 管窥我国 PPP 模式下的农村环境治理[J]. 江西农业学报，26（11）：131-134，138.

陈会广，李浩华，张耀宇，等. 2013. 土地整治中农民居住方式变化的生态环境行为效应分析[J]. 资源科学，35（10）：2067-2074.

陈梅，钱新，张龙江. 2012. 公众参与环境管理的模式创新及试点探讨[J]. 环境污染与防治，34（12）：80-83，91.

陈宁. 2012. 试论农村环境保护中公众参与现状与提升策略[J]. 社会工作，（12）：92-94.

陈润羊，花明. 2006. 我国环境保护中的公众参与问题研究[J]. 广州环境科学，（3）：30-33.

陈绍军，李如春，马永斌. 2015. 意愿与行为的悖离：城市居民生活垃圾分类机制研究[J]. 中国人口·资源与环境，25（9）：168-176.

陈升，潘虹，陆静. 2016. 精准扶贫绩效及其影响因素：基于东中西部的案例研究[J]. 中国行政管理，（9）：88-93.

陈小燕，冉旺. 2016. 公众参与农村生活垃圾治理的法治保障研究[J]. 江汉大学学报（社会科学版），33（4）：35-40，126.

陈叶兰. 2011. 论村民自治与农村环境自治的有机结合[J]. 池州学院学报，（5）：32-35.

陈叶兰. 2008. 农民的环境知情权、参与权和监督权[J]. 中国地质大学学报（社会科学版），（6）：18-22.

陈仪. 2008. 论公众参与环境影响评价法律制度的完善[J]. 苏州大学学报（哲学社会科学版），（2）：37-40.

程志华. 2016. 农民生活垃圾处理的行为选择和支付意愿研究[D]. 西安：西北大学.

崔浩. 2012. 环境保护公共参与研究[M]. 北京：光明日报出版社.

崔家荣. 2015. 农村环境污染主要成因及防治对策探讨[J]. 环境与可持续发展，40（3）：60-62.

邓小云. 2014. 城乡污染转移的法治困境与出路[J]. 中州学刊，（3）：57-61.

邓正华，张俊飚，许志祥，等. 2013. 农村生活环境整治中农民认知与行为响应研究——以洞庭湖湿地保护区水稻主产区为例[J]. 农业技术经济，（2）：72-79.

范仓海. 2011. 中国转型期水环境治理中的政府责任研究[J]. 中国人口·资源与环境，（9）：1-7.

冯成玉. 2011. 农药包装废弃物现状调查及其治理对策[J]. 农业科学与管理，9：12-15.

冯江菊. 2015. 法治视野下构建公众参与型政府决策模式研究[J]. 岭南学刊，（5）：83-88.

高海清. 2010. 农村生态环境治理的社区促动机制分析[J]. 经济问题探索，4：41-43.

高莹莹. 2017. 农村污染企业环境问题研究——以公众参与原则为视角[J]. 法制博览，（4）：219.

龚上华. 2016. 在民主政治中提升公众有序参与的素养[J]. 浙江大学学报（人文社会科学版），（1）：118.

郭朝阳，陈畅. 2007. 代际影响在消费者社会化中的作用——以我国城市母女消费者为例[J]. 经济管理，（8）：40-48.

郭冬生，彭小兰，龚群辉，等. 2012. 畜禽粪便污染与治理利用方法研究进展[J]. 浙江农业学报，24（6）：1164-1170.

郭利京，赵瑾. 2014. 非正式制度与农户亲环境行为——以农户秸秆处理行为为例[J]. 中国人口·资源与环境，24（11）：69-75.

郭士祺，梁平汉. 2014. 社会互动、信息渠道与家庭股市参与——基于 2011 年中国家庭金融调查的实证研究[J]. 经济研究，49（A01）：116-131.

郭玉霞. 2009. 质量研究资料分析 Nvivo8 活用宝典[M]. 北京：高等教育出版社.

韩兴磊. 2016. 新环保法背景下的农村土壤污染防治[J]. 山西农业科学，44（5）：653-656，689.

韩智勇，费勇强，刘丹，等. 2017. 中国农村生活垃圾的产生量与物理特性分析及处理建议[J]. 农业工程学报，33（15）：1-14.

郝慧. 2006. 公众参与环境保护制度探析[J]. 环境保护科学，（5）：69-72.

何兴邦. 2016. 社会互动与公众环保行为——基于 CGSS（2013）的经验分析[J]. 软科学，30（4）：98-100，110.

何兴强，李涛. 2009. 社会互动、社会资本和商业保险购买[J]. 金融研究，（2）：116-132.

洪大用. 2000. 我国城乡二元控制体系与环境问题[J]. 中国人民大学学报，（1）：62-66.

胡浩，王海燕，张沛莹. 2018. 社会互动与家庭创业行为[J]. 财经研究，44（12）：31-43.

胡美灵，肖建华. 2008. 农村环境群体性事件与治理——对农民抗议环境污染群体性事件的解读[J]. 求索，12：63-65.

胡文婧. 2015. 公众参与视域下我国农村生态环境治理政策研究[J]. 农业经济，（10）：89-90.

胡怡平. 2010. 日化产品包装项目设计与开发研究[D]. 上海：华东理工大学.

霍建云. 2016. 农村生态环境治理中的公众参与[J]. 学理论，（11）：24-26.

黄开兴，王金霞，白军飞，等. 2012. 农村生活固体垃圾排放及其治理对策分析[J]. 中国软科学，（9）：72-79.

黄森慰，唐丹，郑逸芳. 2017. 农村环境污染治理中的公众参与研究[J]. 中国行政管理，（3）：55-60.

黄森慰. 2013. 农村水环境管理研究[M]. 北京：中国环境出版社.

黄炜虹，齐振宏，邬兰娅，等. 2017. 农户从事生态循环农业意愿与行为的决定：市场收益还是政策激励？[J]. 中国人口·资源与环境，27（8）：69-76.

黄英，周智，黄娟. 2015. 基于 DEA 的区域农村生态环境治理效率比较分析[J]. 干旱区资源与环境，29（3）：75-80.

姜太碧，袁惊柱. 2013. 城乡统筹发展中农户生活污物处理行为影响因素分析——基于"成都试验区"农户行为的实证[J]. 生态经济，（4）：161-164，192.

姜晓雨. 2017. 我国农村环境治理的问题与对策研究[D]. 济南：山东师范大学.

蒋琳莉，张俊飚，何可，等. 2014. 农业生产性废弃物资源处理方式及其影响因素分析——来自湖北省的调查数据[J]. 资源科学，36（9）：1925-1932.

蒋知栋，位蓓蕾，李耀. 2013. 我国农村环境污染问题及成因分析[J]. 中国环境管理干部学院学
报，23（1）：4-7.

金巧巧，顾金土. 2015. 浅析美丽乡村环境治理中的公众参与[J]. 辽宁农业科学，（6）：43-46.

康洪，彭振斌，康琼. 2009. 农民参与是实现农村环境有效管理的重要途径[J]. 农业现代化研究，
5：579-583.

康琼. 2008. 农村环境管理与农民参与[J]. 湖南人文科技学院学报，（5）：15-17.

李飞虎，闫波. 2011. 新时期农村环境保护中农民参与机制的构建——基于"政府失灵"视角[J].
安徽农业科学，27：17063-17065.

李浩华. 2013. 集中居住区与分散居住区农户环境行为的对比分析——以南京市为例[J]. 湖南
农业科学，（11）：113-116.

李建琴. 2006. 农村环境治理中的体制创新——以浙江省长兴县为例[J]. 中国农村经济，9：
63-71.

李珂. 2018. 乡村精英：乡村振兴战略实施中国家与民众的有机勾连[J]. 贵州大学学报（社会科
学版），36（5）：99-105.

李丽丽，李文秀，栾胜基. 2013. 中国农村环境自主治理模式探索及实践研究[J]. 生态经济，
（11）：166-169，193.

李秋成. 2015. 人地、人际互动视角下旅游者环境责任行为意愿的驱动因素研究[D]. 杭州：浙江
大学.

李书舒，陈锐. 2012. 农村环境治理关键问题分析[J]. 生态经济，6：185-187.

李涛. 2006. 社会互动、信任与股市参与[J]. 经济研究，（1）：34-45.

李涛. 2006. 社会互动与投资选择[J]. 经济研究，（8）：45-57.

李图强. 2004. 简论公民参与社会工作和社区发展[J]. 中国行政管理，5：29-31.

李玮玮，朱晓东. 2008. 新农村建设背景下农村环境问题浅析[J]. 农村经济，（4）：59-61.

李雪娇，何爱平. 2016. 城乡污染转移的利益悖论及对策研究[J]. 中国人口·资源与环境，26
（8）：56-62.

李颖明，宋建新，黄宝荣，等. 2011. 农村环境自主治理模式的研究路径分析[J]. 中国人口·资
源与环境，21（1）：165-170.

李咏梅. 2015. 农村生态环境治理中的公众参与度探析[J]. 农村经济，12：94-99.

李瑜琴. 2004. 我国城市垃圾处理研究[J]. 陕西师范大学学报（自然科学版），32（2）：112-116.

刘红梅，王克强，郑策. 2010. 水资源管理中的公众参与研究——以农业用水管理为例[J]. 中国行政管理，7：72-76.

刘璨，付丽洋. 2015. 农村生态环境污染源及防治分析[J]. 资源节约与环保，（2）：164，169.

刘慧. 2014. 农村环境治理"一主两翼"公众参与模式构想[J]. 农村经济与科技，（6）：6-8.

刘洁. 2016. 社会互动对我国家庭股市参与的影响研究[D]. 成都：西南财经大学.

刘磊，李继文，吴春旭. 2009. 提高公众参与环境影响评价有效性的研究[J]. 四川环境，28（1）：85-89.

刘晓慧. 2015. 我国农村生活污水排放现状初析[J]. 安徽农业科学，43（23）：234-235，238.

刘新宇. 2014. 上海环保公众参与的制度建设与绩效评价[J]. 环境与生活，（4）：80-82.

刘瑶，贺海韬. 2016. 公众参与环境管理的模式创新及试点探讨[J]. 资源节约与环保，（8）：112.

刘英敏. 2014. 河北省农村环境综合治理中的问题与对策研究[D]. 保定：河北大学.

刘莹，黄季焜. 2013. 农村环境可持续发展的实证分析：以农户有机垃圾还田为例[J]. 农业技术经济，（7）：4-10.

刘莹，王凤. 2012. 农民生活垃圾处置方式的实证分析[J]. 中国农村经济，（3）：88-96.

卢洪友，祁毓. 2013. 日本的环境治理与政府责任问题研究[J]. 现代日本经济，（3）：68-79.

鲁圣鹏，李雪芹，杜欢政. 2018. 农村生活垃圾治理模式与系统演化路径研究[J]. 东华理工大学学报（社会科学版），37（2）：145-149，154.

罗庆，李小建. 2010. 农村社区农户互动效应的定量评估——来自河南省杞县孟寨村的实证[J]. 地理研究，29（10）：1757-1766.

吕君，刘丽梅. 2006. 环境意识的内涵及其作用[J]. 生态经济（中文版），（8）：138-141.

吕忠梅. 2000. 环境法新视野[M]. 北京：中国政法大学出版社.

毛基业，李晓燕. 2010. 理论在案例研究中的作用——中国企业管理案例论坛（2009）综述与范文分析[J]. 管理世界，（2）：106-107.

孟庆瑜，梁静. 2010. 农村生态环境保护的法律机制构建[J]. 人民论坛，（29）：82-83.

孟天广，李锋. 2015. 网络空间的政治互动：公民诉求与政府回应性——基于全国性网络问政平台的大数据分析[J]. 清华大学学报（哲学社会科学版），30（3）：17-2.

莫欣岳，李欢，杨宏，等. 2016. 新形势下我国农村水污染现状、成因与对策[J]. 世界科技研究与发展，38（5）：1125-1129.

彭小霞. 2015. 我国农民参与农村生态保护的法律困境与出路[J]. 生态经济, 11: 161-166.

彭小霞. 2016. 我国农村生态环境治理的社区参与机制探析[J]. 理论月刊, (11): 170-176.

钱淑娟, 马艳, 刘文鑫. 2008. 游客环保意识与环保行为探析——以南京中山陵景区为例[[J]. 农业经济与科技, (12): 9-10.

钱文荣, 应一道. 2014. 农户参与农村公共基础设施供给的意愿及其影响因素分析[J]. 中国农村经济, (11): 39-51.

任莉颖. 2002. 环境保护中的公众参与: 环境问题与环境意识[M]. 北京: 华夏出版社.

任晓冬, 高新才. 2010. 中国农村环境问题及政策分析[J]. 经济体制改革, (3): 107-112.

沈海军. 2013. 论农村环境污染治理中的公民参与[J]. 理论导刊, (8): 76-79.

沈佳文. 2015. 公共参与视角下的生态治理现代化转型[J]. 宁夏社会科学, (3): 47-52.

沈艳. 2015. 公民参与生态文明建设: 动力、障碍及对策[J]. 成都行政学院学报, (4): 74-79.

盛光华, 葛万达. 2019. 社会互动视角下驱动消费者绿色购买的社会机制研究[J]. 华中农业大学学报 (社会科学版), (2): 81-90, 167.

师硕, 黄森慰, 郑逸芳. 2017. 环境认知、政府满意度与女性环境友好行为[J]. 西北人口, 38(6): 44-50.

史玉成. 2008. 环境保护公众参与的理念更新与制度重构——对完善我国环境保护公众参与法律制度的思考[J]. 甘肃社会科学, (2): 151-154.

史玉成. 2005. 论环境保护公众参与的价值目标与制度构建[J]法学家, (1): 128-133.

宋国君, 王小艳. 2003. 论中国环境影响评价中公众参与制度的建设[J]. 上海环境科学, (S2): 84-88, 195.

宋涛, 吴玉锋, 陈婧. 2012. 社会互动、信任与农民购买商业养老保险的意愿[J]. 华中科技大学学报 (社会科学版), 26 (1): 99-106.

宋望. 2012. 城乡一体化进程中农村环境保护法律机制研究——以政府主导与公众参与互制互动为视角[J]. 商业文化 (下半月), (1): 26-27.

苏红叶. 2013. 浅析政府与公民良性互动的实现——公民参与和政府回应的平衡统一[J]. 前沿, (10): 48-50.

孙荣. 2012. 公众参与环境治理存在的主要问题及对策[J]. 环境科学与管理, 37 (S1): 18-21.

唐林, 罗小锋, 张俊飚. 2019. 社会监督、群体认同与农民生活垃圾集中处理行为——基于面子观念的中介和调节作用[J]. 中国农村观察, (2): 18-33.

唐明皓，周庆，匡海敏. 2009. 城镇居民环境态度与环境行为的调查[J]. 湘潭师范学院学报（自然科学版），（1）：149-152.

唐澎敏. 2001. 论公众参与环境保护制度[J]. 湖南省政法管理干部学院学报，6：58-59.

唐钊，秦党红. 2010. 遏制污染转移应加强公众参与[J]. 行政与法，6：47-51.

陶志梅. 2006. 从公共经济视角看城市环境治理中的政府职能创新[J]. 特区经济，11：211-213.

田恩花. 2016. 加强农村环境污染治理 保护城镇生态环境[J]. 吉林农业，（18）：111.

田萍萍. 2006. 浅析我国环境影响评价中的公众参与[J]. 国土与自然资源研究，（2）：38-39.

汪丽霞. 2008. 我国环境法公众参与原则的不足与完善[J]. 华商，（20）：172-174.

汪文雄，李敏，余利红，等. 2015. 农地整治项目农民有效参与的实证研究[J]. 中国人口·资源与环境，（7）：128-137.

王超，曾玉香. 2010. 环境影响评价中公众参与的问题和对策探讨[J]. 环境科学与管理，35（2）：191-194.

王春荣，韩喜平，张俊哲. 2013. 农村环境治理中的社会资本探析[J]. 东北师大学报（哲学社会科学版），3：217-219.

王方浩，马文奇，窦争霞，等. 2006. 中国畜禽粪便产生量估算及环境效应[J]. 中国环境科学，（5）：614-617.

王凤. 2008. 公众参与环保行为影响因素的实证研究[J]. 中国人口·资源与环境，（6）：30-35.

王金霞，李玉敏，白军飞，等. 2011. 农村生活固体垃圾的排放特征、处理现状与管理[J]. 农业环境与发展，28（2）：1-6.

王丽. 2015. 我国建设项目环境影响评价中公众参与的问题研究与探讨[J]. 环境与可持续发展，40（2）：74-77.

王丽敏. 2018. 农村生活垃圾的收处模式的探讨[J]. 资源节约与环保，（1）：103-104.

王民. 1999. 论环境意识的结构[J]. 北京师范大学学报（自然科学版），（3）：423-426.

王舒娟，张兵. 2012. 农户出售秸秆决策行为研究——基于江苏省农户数据[J]. 农业经济问题，33（6）：90-96，112.

王婷婷. 2015. 公众生活垃圾源头分类行为影响因素研究[D]. 杭州：浙江理工大学.

王文哲，陈建宏. 2011. 生态补偿中的公众参与研究[J]. 求索，2：112-114.

王晓君，吴敬学，蒋和平. 2017. 中国农村生态环境质量动态评价及未来发展趋势预测[J]. 自然资源学报，32（5）：864-876.

王晓毅. 2014. 农村发展进程中的环境问题[J]. 江苏行政学院学报，（2）：58-65.

王雅琴. 2014. 公众参与背景下的政府决策能力建设[J]. 中国行政管理，（9）9：102-105.

王娅丽. 2014. 关于多中心视角下的农村环境污染治理问题的探讨[J]. 农村经济与科技，25（8）：26-27.

王志刚，陈炳禄，陈新庚. 2000. 环境影响评价中公众参与的机制与有效性[J]. 环境导报，（3）：1-3.

翁伯琦，雷锦桂，江枝和，等. 2010. 集约化畜牧业污染现状分析及资源化循环利用对策思考[J]. 农业环境科学学报，29（S1）：294-299.

吴建南，徐萌萌，马艺源. 2016. 环保考核、公众参与和治理效果：来自31个省级行政区的证据[J]. 中国行政管理，（9）：75-77.

吴梦茹. 2012. 我国公众参与环境影响评价的立法研究[J]. 商，（22）：76，116.

吴惟予，肖萍. 2015. 契约管理：中国农村环境治理的有效模式[J]. 农村经济，（4）：98-103.

吴玉锋，孙金岭. 2015. 社会互动、信任与农村居民养老保险参与行为研究[J]. 华中科技大学学报（社会科学版），29（3）：98-105.

吴真. 2019. 代际环境行为互动及其家庭影响因素探析[J]. 中国人口·资源与环境，29（1）：152-159.

席北斗，侯佳奇. 2017. 我国村镇垃圾处理挑战与对策[J]. 环境保护，45（14）：7-10.

肖代柏. 2013. 消费行为的反向代际影响[D]. 武汉：武汉大学.

肖萍. 2011. 论我国农村环境污染的治理及立法完善[J]. 江西社会科学，6：214-219.

肖巍，钱箭星. 2003. 环境治理中的政府行为[J]. 复旦学报（社会科学版），3：73-79.

谢宝国，龙立荣. 2006. 优势分析方法及其应用[J]. 心理科学，29（4）：922-925.

邢美华，张俊飚，黄光体. 2009. 未参与循环农业农户的环保认知及其影响因素分析——基于晋、鄂两省的调查[J]. 中国农村经济，（4）：72-79.

熊顺聪，黄永红. 2010. 中国农村的社会互动与人际传播研究[J]. 调研世界，（2）：11-12，41.

徐成. 2015. 浅谈农村环境管理中的公众参与[J]. 辽宁农业科学，（2）：51-53.

徐丽媛. 2006. 新农村建设与农民环境权的保护[J]. 农业考古，（3）：87-89.

徐伟. 2013. 公众参与制度在环境影响评价中的影响[J]. 生态经济，（1）：147-150.

杨瑞. 1999. 环境影响评价中公众参与的意义[J]. 环境科学与技术，（2）：41-42.

杨廷忠，裴晓明，马彦. 2002. 合理行动理论及其扩展理论——计划行为理论在健康行为认识和改变中的应用[J]. 中国健康教育，18（12）：782-784.

杨妍，孙涛.2009. 跨区域环境治理与地方政府合作机制研究[J]. 中国行政管理，1：66-69.

杨志军，张鹏举.2014. 环境抗争与政策变迁[J]. 甘肃行政学院学报，（5）：12-27，127.

姚金鹏，郑国全.2019. 中外农村垃圾治理与处理模式综述[J]. 世界农业，（2）：77-82.

姚蕊.2017. 农村环境污染原因以及治理途径研究[J]. 农村经济与科技，28（19）：217-218.

姚伟，曲晓光，李洪兴，等.2009. 我国农村垃圾产生量及垃圾收集处理现状[J]. 环境与健康杂
志，26（1）：10-12.

殷惠惠，赵磊，孔维玮，等.2008. 影响农村公众环保参与程度的主要因子辨析[J]. 长江流域资
源与环境，（3）：485-489.

殷玉芳.2015. 从约制到认同：乡村社区环境治理路径研究[D]. 上海：华东理工大学.

于水，李波.2016. 生态环境参与式治理研究[J]. 中州学刊，（4）：80-86.

于潇，孙小霞，郑逸芳，等.2015. 农村水环境网络治理思路分析[J]. 生态经济，5：150-154.

余平.2011. 中国农村环境问题原因探析[J]. 经济研究导刊，10：39-40.

俞可平.2002. 全球治理引论[J]. 马克思主义与现实，1：20-32.

袁宝成.2016. 公众参与环境管理的模式创新及试点探讨[J]. 化工管理，（9）：1，3.

约翰•C. 托马斯.2010. 公共决策中的公民参与[M]. 孙柏英等，译. 北京：中国人民大学出
版社.

岳波，张志彬，孙英杰，等.2014. 我国农村生活垃圾的产生特征研究[J]. 环境科学与技术，37
（6）：129-134.

张安毅.2014. 农村生态保护中农民生态参与的困境、成因与对策[J]. 财经科学，10：133-140.

张翠娥，李跃梅.2015. 主体认知、情境约束与公众参与社会治理的意愿——基于山东等 5 省调
查数据的分析[J]. 中国农村观察，（2）：69-80，97.

张建伟.2008. 环境优美乡镇和生态村建设若干法律问题研究[J]. 中国地质大学学报（社会科学
版），（6）：12-17.

张劲松，林莉.2006. 论公共政策制定过程中政府与公民的互动[J]. 中共福建省委党校学报，
（2）：24-27.

张俊哲，梁晓庆.2012. 多中心理论视阈下农村环境污染的有效治理[J]. 理论探讨，（4）：164-167.

张俊哲，王春荣.2012. 论社会资本与中国农村环境治理模式创新[J]. 社会科学战线，（3）：
232-234.

张雷，唐京华. 2019. 乡村"精英群主"的价值与乡镇政府的培育路径[J]. 领导科学，（6）：70-73.

张立秋，张英民，张朝升，等. 2013. 农村生活垃圾处理现状及污染防治技术[J]. 现代化农业，（1）：47-50.

张廷君. 2015. 城市公共服务政务平台公众参与行为及效果——基于福州市便民呼叫中心案例的研究[J]. 公共管理学报，（2）：23-24.

张卫海. 2011. 国家与社会"良性互动"关系模式的实现路径探析——兼论我国公民社会组织发展的困境及对策[J]. 西北农林科技大学学报（社会科学版），11（1）：106-111.

张晓文. 2006. 论农村环境污染防治的法律对策[J]. 农业经济，（1）：33-35.

张晓文. 2010. 论我国农村环境信息公开制度的构建[J]. 农业经济，（10）：3-5.

张旭吟，王瑞梅，吴天真. 2014. 农民固体废物随意排放行为的影响因素分析[J]. 农村经济，（10）：95-99.

章平，徐雅卿. 2018. 精英视角下公共事物自我治理集体行动的发生机制——以深圳和平小区城中村为例[J]. 上海城市管理，27（5）：47-51.

赵俊骅，龙飞. 2015. 浙江省集体林区农民垃圾定点堆放行为及影响因素[J]. 林业经济问题，35（5）：424-429.

赵强，贺季敏，冯冬冬. 2012. 我国农村环境污染防治法律对策分析[J]. 石家庄经济学院学报，35（2）：127-129.

赵晓峰，余方. 2016. 农民分化、社会互动与农民参与合作社的行为决策机制研究——基于3县6社358户调查问卷的实证分析[J]. 云南行政学院学报，18（4）：13-17.

郑好，梁成华. 2010. 我国农村生活垃圾现状及管理对策研究[J]. 北方园艺，（19）：223-226.

郑新华. 2016. 公众参与环境管理的模式创新与试点研究[J]. 科技创新与应用，（33）：144-145.

钟志玉. 2014. 公众参与环境管理的模式创新与试点研究[J]. 资源节约与环保，（3）：72.

周冯琦，程进. 2016. 公众参与环境保护的绩效评价[J]. 上海经济研究，（11）：56-64，80.

周丽. 2017. 多中心治理视角下的农村环境卫生治理模式研究[D]. 南宁：广西大学.

周上博，袁兴中，刘红，等. 2015. 农村生活垃圾污染现状及处置对策研究——以渝西地区为例[J]. 重庆师范大学学报（自然科学版），32（4）：70-73.

朱寅茸. 2011. 我国农村环境治理的路径研究[D]. 长沙：湖南大学.

祝仲坤. 2018. 就业境况、社会互动与农民工住房公积金缴存[J]. 财贸研究，29（9）：55-65.

后　记

　　本书是国家社科基金青年项目"公众参与农村环境治理机制研究"（17CSH035）的研究成果，项目起止期为 2017 年至 2019 年。项目共有 4 位老师（黄森慰、许佳贤、郑永平、卞莉莉）、2 位博士生（林丽梅、陈爱丽）、13 位硕士研究生（姜畅、唐丹、师硕、王翊嘉、卢秋佳、毛馨敏、林晓莹、蔡祖梅、左孝凡、武建强、吴敦辉、储巍巍、谢昌凡）共同参与课题申报、思路指导、课题调研、结题报告撰写、书稿校对等工作。